河北经贸大学学术著作出版基金资助
河北省重点学科会计学学科建设基金资助

生产者责任延伸制度下企业环境成本控制

刘丽敏　著

北　京
冶　金　工　业　出　版　社
2010

内容提要

本书共7章：第1章绪论；第2章相关研究文献回顾；第3章企业环境成本控制相关的理论基础；第4章生产者责任延伸制度下企业环境成本控制框架的构建；第5章生产者责任延伸制度下企业环境成本控制的现实选择；第6章企业环境绩效评价；第7章总结与研究展望。

本书适合金融学、会计学及相关学科研究人员、学生参阅。

图书在版编目(CIP)数据

生产者责任延伸制度下企业环境成本控制/刘丽敏著.
—北京:冶金工业出版社，2010.4
ISBN 978-7-5024-5194-3

Ⅰ.①生… Ⅱ.①刘… Ⅲ.①企业管理:环境管理:成本管理 Ⅳ.①X322 ②F275.3

中国版本图书馆CIP数据核字(2010)第037153号

出 版 人 曹胜利
地 址 北京北河沿大街嵩祝院北巷39号,邮编100009
电 话 (010)64027926 电子信箱 postmaster@cnmip.com.cn
责任编辑 杨盈园 美术编辑 张媛媛 版式设计 孙跃红
责任校对 栾雅谦 责任印制 牛晓波
ISBN 978-7-5024-5194-3
北京百善印刷厂印刷;冶金工业出版社发行;各地新华书店经销
2010年4月第1版，2010年4月第1次印刷
850mm×1168mm 1/32；8.25印张；206千字；251页
25.00元

冶金工业出版社发行部 电话:(010)64044283 传真:(010) 64027893
冶金书店 地址:北京东四西大街46号(100711) 电话:(010)65289081
(本书如有印装质量问题,本社发行部负责退换)

前　言

随着技术进步和经济的发展，资源环境状况日益恶化，以资源环境合理开发利用、树立可持续的发展观为中心内容的现代人类文明建设，在建立全球性社会、经济、环境新秩序的呼唤声中日益高涨。为此我国在“十一五”规划中都提出了要加快建设资源节约型和环境友好型社会，促进经济发展与人口、资源、环境相协调的目标。

传统的企业成本控制往往将环境成本排除在外，因而难以真正控制好企业的总成本。将成本控制的视野扩展到企业赖以生存和发展的环境领域，在成本控制中积极发挥管理会计的职能，就成为本书研究的重要问题。环境成本控制既是对传统成本控制的拓展，也是适应企业经营模式从单纯追求物质利益最大化为主体向以注重资源环境保护的可持续发展的经营模式为主体转变的需要。

生产者责任延伸制度（Extended Producer Responsibility，即 EPR 制度）的思想 1975 年最早出现在瑞典，作为一项环境保护策略，其定义可以理解为：特定产品的制造商或者进口商要在产品生命周期内的各个阶段（包括生产过程和产品生命结束阶段），特别是产品的回收、利用和最后处置阶段，承担环境保护责任，促使产品生命周期内所产生的环境影响的改善。这一生产者责任环节的延长，使得生产者必须在发生源抑制废弃物的产生，有动力设计对环境负荷压力比较小的产品，其结果是在生产阶段就促进了循环利用，增大了资源的利用效率。与传统的责任划分类型相比较，EPR 制度的突出特征为：一是产品在回收时所发生的管理和费用的责任部分或全部地向产品生产者转移；二是使企业在设计产品的时候具有考虑产品生产或废弃后对环境影响的动机。修订后的《中华人民共和国固体废物污染环境防治法》第五条规定："国家对固体废物污染环境防治实行污染者依法负责的原则。产品的生产者、销售者、进口者、使用者对其产生的固体废物依法承担污染防治责任"。这就从法律上明确了生产者责任的延伸。国家发改委出台《废旧家电及电子产品回收处理管理条例》，该《条例》以资源循环利用和环境保护为目标并小规模试行生产者责任延伸制度，由此可见，我国政府对 EPR 制度的实施意向已初见端倪。

工业社会的发展已经进入环境保护时代，在这种环境保护的时代潮流面前，作为当今对自然和生态环境破坏较大的企业，在生产者责任延伸制度的实施背景下，其所感受的不仅仅是挑战，更多的是机遇。ISO 14000 环境管理标准的颁布、环境信息公开制度的实施、"绿色贸易壁垒"的严格要求、绿色 GDP 核算制度的推行等，使得越来越多的企业开始重视环境管理的观念与技术，我们对生产者责任延伸制度下企业环境成本控制问题进行研究就显得非常必要，无论对于企业自身，还是对于国家、社会都有重要的现实意义。一方面可以有效地降低企业对能源、原材料的消耗，控制和减少污染物的排放；另一方面可以促进企业对新材料、新技术、新工艺的开发和推广应用，提高企业的技术水平；最后它对经济增长方式由粗放型向集约型转变，消除和避免制造业发展对环境影响的后果，贯彻落实全面、协调、可持续的科学发展观也具有重要意义。

本书针对我国环境成本控制的现状，从生产者责任延伸的角度，以微观企业的环境成本控制为中心，运用规范研究和实证研究相结合的方法，探讨企业环境成本控制的框架和现实选择。因企业控制环境成本的成效最终会影响到企业的环境绩效，以往的企业环境绩效国内外评价指标大都对企业进行定性的评价，为了解决企业的利益相关者对企业的环境绩效定量评价的需要，本书运用专家咨询法，根据层次分析法、模糊数学的原理建立企业环境绩效评价的模糊综合评价模型，并实地考察了其在企业的实际应用，企业环境绩效的综合量化得分能反映出其环境绩效的优劣。最后，本书提出从政府宏观层面加强环境成本控制的对策，为政府的决策提供政策性建议。政府部门应通过完善相关环境和会计法律法规，健全绿色税收法律体系，明晰界定环境资源产权，完善环境成本量化方法等方式，为企业控制环境成本创造良好的外部环境。

本书所做的研究在以下几个方面有所创新：

(1) 基于生产者责任延伸制度，本书对环境成本的概念和所包含的内容重新界定。区别于以往的研究，本书把企业活动可能对个人或人类造成不良影响的外部环境成本包括到环境成本的概念中来，扩大了环境成本的内涵和外延。这一类成本，一般指企业因为生产经营活动而导致环境污染，从而使人类的健康、财产和福利受损，但是在目前的法律体系下企业尚未承担这些损失的货币表现。根据本书对环境成本的界定，环境成本包括内部环境成本和外部环境成本两方面，其中内部环境成本包括传统成本、隐藏成本、偶发成本和形象与关系成本，外部环境成本包括环境降级成本、对人类造成影响的成本。本书对环境成本内容的拓展，为理论研究的深入做了铺垫。

（2）通过查阅上市公司强污染行业披露环境成本信息的状况，对我国环境成本控制现状和存在问题进行分析，提出了基于生产者责任延伸制度的企业环境成本控制框架，对生产者责任延伸制度下企业环境成本控制的目标与原则、控制模式、控制方法以及企业环境成本控制体系的建立进行探讨，以使企业的行为更加友善环境。

（3）提出了基于生产者责任延伸制度的企业环境成本控制的现实选择。按照事前控制、事中控制、事后控制的系统思想，采用事前进行产品（工艺）生态设计、事中清洁生产控制、事后环境成本审计控制的方法对生产者责任延伸制度下企业的环境成本控制提出建议，并运用案例分析的方法分析了这三种控制方式在企业中实施的有效性。

（4）针对以往的企业环境绩效国内外评价指标大都对企业进行定性评价的缺陷，本书运用专家咨询法，根据层次分析法、模糊数学的原理，建立了二级模糊综合评价法的企业环境绩效评价模型，并考察了其在企业的实际应用，解决了企业的利益相关者对企业的环境绩效难以量化评价的问题。

作　者

2009 年 12 月

目　录

1 绪　论

环境是人类进行生产和生活活动的场所，它构成了人类生存和发展的物质基础。然而就在生产技术进步，生产力突飞猛进发展的过程中，生态资源破坏和环境污染等相关问题也暴露出来，并且随着人类社会的膨胀日益凸显，环境问题已成为世界各国普遍关心的共同问题。传统的企业成本控制往往将环境成本排除在外，因而难以真正控制好企业的总成本。将成本控制的视野扩展到企业赖以生存和发展的环境领域，在成本控制中积极发挥管理会计的职能，就成为管理会计研究人员和企业管理者面临的一个重要问题。在这一背景下，环境成本控制既是对传统成本控制自身的拓展，也是适应企业生产经营模式从单纯追求物质利益最大化为主体向以注重资源环境保护的可持续发展的生产经营模式为主体转变的需要。

1.1　研究背景

1.1.1　企业控制环境成本的国际背景

1.1.1.1　全球环境恶化

进入工业化社会以来，由于经济发展模式粗放，环境污染问题日益严重，其后果是:空气质量下降、土壤退化、温室效应、物种濒临灭绝、酸雨、光化学烟雾、环境污染、能源危机……从20世纪

30年代以来，人类遭受了一系列环境污染公害影响，继典型的世界八大公害事件❶出现40年以后，又相继出现了新八大公害事件❷[1]。我国改革开放以来，在经济快速发展的同时，环境问题也日益突出，环境污染和生态破坏日益成为制约中国经济可持续发展的主要瓶颈。2005年末的松花江水污染事件余波未平，广东北江和湖南湘江又相继发生了严重镉污染事件……环境污染问题正以严峻态势挑战中国经济的发展。2006年的统计显示，我国环境形式依然严峻：主要污染物排放量超过环境的承载能力；流经城市的河段普遍受到污染；许多城市空气、酸雨污染严重，持久性有机污染物的危害开始显现；生态破坏严重，水土流失量大而广，草原退化加剧；生物多样性减少，生态系统功能退化……环境污染和生态破坏造成了巨大经济损失，危害群众健康，影响社会稳定和环境安全[2]（资料来源：中国经济年鉴，2006年）。环境日益严重的状况，逐渐成为困扰人类、影响人类生存和发展的重大问题。追本溯源，治理环境，必须从经济活动中寻找突破口，企业是经济的基本细胞，是自然资源的主要消耗者，也是环境污染的主要制造者，要改变全球环境恶化的趋势，就必须改变企业传统的成本控制模式，加强对环境成本的控制，走可持续发展的道路。

---

❶ 典型的世界八大公害事件：比利时的马斯河谷烟雾事件（1930年）、美国宾夕法尼亚州多诺拉事件（1948年）、英国伦敦烟雾事件（1952年）、美国洛杉矶的光化学烟雾事件（1953年）、日本的水俣病事件（1953年）、日本富山骨痛病事件（1955年）、日本四日市哮喘事件（1961年）以及日本的爱知米糠事件（1968年）。

❷ 新八大公害事件：意大利的塞维化学污染事件、印度博帕尔事件、美国三哩岛核电站泄漏事件、墨西哥液化气爆炸事件、前苏联切尔诺贝利事件、瑞士巴塞尔赞多兹化学公司莱茵河污染事件、全球大气污染、非洲大灾荒。

1.1.1.2 非政府组织和民间团体的环保监督

从20世纪60年代末、70年代初人类的环境意识逐渐苏醒，至90年代进入了“环保时代”。在环保运动中，非政府组织和民间团体的作用对企业产生了影响。目前，从事环保的主要非政府组织和民间团体主要有：世界可持续发展商业委员会（WBCSD），主要关注通过负责任的企业行为对环境的影响及减少对环境的影响，强调可持续发展和对环境有利的企业行为；全球气候协会（GCC），由一些大公司发起成立的研究气候问题的组织；国际商业协会（ICC），作为企业利益保护者形象出现，研究环境管理与企业的可持续发展问题，通过了可持续发展的企业章程；绿色和平组织，主要对由政府和企业的行为造成的环境灾难进行积极反应；地球之友，主要致力于提高公众环境意识并对环境保护进行游说[3]。这些机构的努力提高了公众的环境意识，使企业意识到企业将会因为那些不利于环境的行为而付出代价。

1.1.1.3 政府国际公约的约束

为使全球环境得到保护和改善，对各国开发利用环境资源和保护改善环境所产生的国家关系进行调整，在许多全球性政府机构的促进下，产生了一些国际公约。如《防止船舶污染公约》（1973年）、《濒临物种国际贸易公约》（1975年）、《生物多样性公约》（1992年）、《巴塞尔公约》（1992年）、《京都议定书》（1997年）、《卡塔赫纳生物安全议定书》（2002年）、《关于持久性有机污染物的斯德哥尔摩公约》（2004年）等。20世纪70年代的条约主要涉及海洋污染、世界气候等方面的问题；80年代主要关注可再生资源、环境资源管理、酸雨、清理环境的环境技术援助等问题；90年代以后则关注气候变化、臭氧层消耗、环境监测与风险评价、对污染的惩罚、相关的成本与效益、对全球贸易协定的影响，可持续发展等方面（资料来源：中华人民共和国环境保护部网站，2008. 3. 28）。所有这些都表明传统的、没有或较少考虑环境成本控制的企业，其成本控制方式将面临严峻的挑战。在解决环境问题的努力中，政府和企业合作才能取得最好的效果。

1. 1. 1. 4 国际市场的压力

任何产品的生产和消费总会通过各种途径对环境资源产生影响，而贸易则会加剧这种影响。目前国际社会对贸易与环境资源问题的关注与日俱增，一些发达国家通过制订高于发展中国家的环境质量标准来推行新的贸易保护主义，即以高环境标准准入条件作为限制进口的手段，形成绿色贸易壁垒。就产品的生产而言，生产国若未将环境资源影响纳入生产成本，产品价格相对低廉，虽然提高了出口竞争力，但生产过程加剧了当地的环境资源破坏，有的学者将这种情况称为“环境倾销”或“生态倾销”。当前多数发展中国家技术、经济相对落后，环境管理体系比较薄弱，产品价格中一般没有完全反映环境资源成本，有些发达国家以此为由，提出对这些产品实行进口限制，或征收环境倾销税，这将使出口这些产品的发展中国家在贸易上处于非常不利的地位。我国企业要冲破绿色贸易壁垒，必须顺应国际潮流，以此为发展契机，主动将环境和资源费用计算在产品价格之内，使外部环境资源成本内部化[4]。企业通过节约利用能源和资源、推行清洁生产技术、改进产品设计、改进工艺过程和技术、妥善处置废弃物、重视环保产品的生产，加强环境成本控制等方式，取得市场上的“绿色通行证”。

1.1.1.5　发达国家税制绿色化浪潮的推动

经济活动中，环境污染是负外部性❶的典型表现形式，即某个企业给其他企业或整个社会造成不需付出代价的损失。环境保护是正外部性的典型表现形式，企业或私人为保护环境进行投资使周边环境得以改善的利益被周边所有人分享，而投资成本却由其独自承担，即投资主体没有获取为保护环境进行投资的全部收益，致使环境保护投资行为供给不足[5]。为了使外部效应内部化，剑桥经济学家阿瑟·庇古（Arthur Pigou，1932）指出需要政府的干预。当存在负外部效应时，政府应向企业或私人征税，使环境污染者承担与其排放的污染量等值的税收，将其应承担、但转嫁给社会的外部成本纳入企业产品成本的核算体系中。当产品的边际成本加上税收之和大于边际收益时，企业就会停止该产品的生产或改进防污技术以减少污染量。当存在正外部效应时，政府应给予厂商或私人以相当于正外部性价值的补贴，鼓励其将产量扩大到对社会最有效的水平[6]。因经济活动中经常发生污染或破坏环境的行为，就要求政府征收

---

❶　经济学家阿瑟·庇古（Arthur Pigou，1932）提出外部性是指一个经济主体的行为对另一个经济主体的福利所产生的影响并没有通过市场价格反映出来，它可以是有益的（正外部性）也可以是无益的（负外部性）。当存在正外部性时，私人活动带来了外部效益，但是这部分效益却没有反映在私人效益中；当存在负外部性时，私人活动带来了外部成本，但是这部分成本却没有反映在私人成本中。外部性是在市场之外产生的，并没有反映在商品的价格中，使私人效益与社会效益、私人成本与社会成本不一致，最终导致市场没有反映商品的真实价格。环境污染是负外部性的典型表现形式，即某个企业给其他企业或整个社会造成不需付出代价的损失。外部成本是与负外部性（又称外部不经济性）相联系的概念，外部不经济性能引致外部成本。从整个社会角度看，企业为生产某一商品所花费的所有代价，不管这种代价由谁负担，统称为企业的社会总成本；企业的生产成本是指企业按照现行会计制度规定的成本核算方法在生产过程中核算和支付的代价，如原材料、工资、制造费用等。社会总成本大于生产成本的差额便是外部成本，它通常由社会来承担。

绪色税来消除环境的负外部性。

绿色税收（又称环境税）是指对投资于防治污染或保护环境的纳税人给予的税收减免，或对污染行业和污染物的使用所征收的税，它通过税收的形式对环境资源定价，并将其价格计入企业和个人利用环境资源的成本之中，将外部成本内部化，进而改变市场价格信号以矫正有害环境的生产和消费行为[7]。

Carraroh 和 Galeotti[8]从如何达到环境收益最优的路径出发，在不考虑成本的情况下建立模型，认为如果环境税与研发、创新等政策相配合使用，就能起到环境保护、提高竞争力和促进经济增长的作用。20 世纪 90 年代以来，发达国家为保护生态环境，避免对资源的过度开发，非常重视绿色税收手段的运用。从各国的税收实践看，发达国家具体开设的绿色税税种主要包括三类：以污染物排放量为标准的直接税即排污税；对商品或服务的间接课税即产品税或原料税；为环境保护筹集资金的专项税。此外，发达国家在完善绿色税收的制度变迁中，均给予环保型产业加速折旧、再投资退税、延期纳税等税收优惠政策，提高了绿色税收政策的灵活性和有效性。如经济合作与发展组织（OECD）的多数国家不仅对直接的污染源征收高比例的税收，还对生产或消费过程可能产生污染的产品（如含氟利昂产品、化肥、杀虫剂、汞镉电池、不可回收容器等）征收特别产品税；美国超过半数的州政府对矿藏、天然气和石油的开采征收资源枯竭税；日本对废塑料制品类再生处理设备除了普通退税外，还按照价格的 14% 进行特别退税；荷兰通过征收污水排放税和废物处理税，鼓励公众节约用水和减少废物产生。绿色税的开征不仅限制了企业对自然资源的过度开采，还能引导企业和消费者以对资源循环再利用的方式促进经济的发展[9]。

顺应国际潮流，2006 年 4 月 1 日国家税务总局出台《调整和完善消费税政策征收管理规定》，对消费税税率和征税范围进行调整，削减具有负面环境和经济影响的补贴和税收、引进恰当的新税种，促使经济结构调整和经济效率的提高[10]。

1.1.2 企业控制环境成本的国内背景

1.1.2.1 政府重视环境管理

作为整体社会的代理人，我国政府通过各种手段保护环境，目的是对企业生产活动的环境影响进行规范和控制。

A 行政控制

行政控制是政府制定相关环境标准，并设计和实施环境法律法规，通过行政手段，强制社会成员执行法律规定和环境标准，并对违反者予以行政处理的控制方式。我国政府十分重视资源管理和环境保护问题，相继发布了一系列法律、法规，如1979年颁布的《森林法》和《环境保护法》(1989年修订)、1982年《国家建设征用土地条例》和《海洋环境保护法》、1984年《污染防治法》、1985年《草原法》、1986年《矿产资源法》、1988年《水污染防治法》和《大气污染保护法》、1994年制定的《中国21世纪议程》将可持续发展战略作为中国社会经济发展的基本战略、1995年颁布《固体废物污染环境防治法》（2005年修订）和《大气污染防治法》、2002年的《清洁生产促进法》等。2006年我国制定《国民经济和社会发展第十一个五年规划纲要》，将建设资源节约型、环境友好型社会列为基本国策；我国建立废气、废水、废渣及其他废弃物排放与处理标准；对矿产资源开发与废物排放实施许可证制度；对超标排放单位限期达标、强制停产、搬迁或取缔……在环境保护实践中我国形成了“谁污染谁治理、谁开发谁保护、谁利用谁补偿、谁破坏谁恢复”的环境政策。政府宏观控制的方法在一定程度上促进了企业对环境成本的控制。

B　经济控制

经济控制，也称基于市场的刺激手段，即利用经济手段，按照资源有偿使用和污染者付费的原则，通过市场机制，使市场中的经济主体在开发、利用、污染和破坏环境资源时负担相应的经济代价，促使经济主体选择有利于环境保护的生产和消费方式。

（1）政府建立排污权交易（排污许可证交易、环境使用权交易）制度，通过限量排污将外部成本内部化。排污权交易指由管制当局制定特定区域的排污量上限，按此上限发放污染物排放许可，该许可在市场上可以交易的环境管理手段。排污权交易是一种以总量控制为基础、充分利用市场经济的调节作用、灵活地管理环境的一种污染控制方法[11]。排污权交易制度是将环境资源转化为商品并将其纳入市场机制的一种有效控制环境污染的经济手段，即在一定区域内确保污染负荷不变、确保环境质量水平的前提下，企业之间可以进行排污权的交易。企业可以通过卖出部分富裕排污权来获取资金，用于进一步治理本企业的污染。

1968 年戴尔斯（J. H. Dales）在其著作《污染、财富和价格》中首次提出“排污权交易”的概念，并指出通过污染排放权的交易，能够缓解超量排放问题。排污权交易的运作机制实质上就是创造一种产权并将这种产权分配，产权之间可以交易，这样就产生了一个市场，在市场机制的作用下，污染者根据他们的边际私人成本大小的差异会自动地成为买者或卖者，同时在价格机制的作用下，他们会理性地调整其污染排放，直至成本最低。2002 年江苏省太仓市在省环保厅的协助下完成了全国首例异地排污权交易案例。2003 ~ 2005 年，江苏省太仓市太仓港环保发电有限公司每年从南京市下关发电厂购买 1700 吨的二氧化硫排污权，以每公斤 1 元的价格支付 170 万元的交易费，

2006年以后再根据市场行情重新确定交易价格。该融资方式通过市场发出价格信号，使企业产生保护环境、减少污染的动机并激励企业寻求具有成本效益的削减污染排放的方法[12]。排污权交易制度既能激发企业开发和使用少污染、低费用的生产措施和污染防治措施的积极性，降低社会治污成本，又能够使环境管理机构充分发挥其监督管理职能。此外，欧洲的一些工业化国家则通过对二氧化碳、氮化物和硫等污染物的排放征税的方式替代排污费，将外部成本内部化。

（2）政府制定法律法规影响财政和金融政策，利用资本市场调节和改善经济主体对环境资源引发的负面影响[13]。1995年12月中国人民银行发布的《关于贯彻信贷政策与加强环境保护工作的有关问题的通知》规定，各级金融部门在向对环境有影响的项目发放贷款时，必须从信贷发放和管理上配合环保部门把好关，对没有执行建设项目环境影响报告审批制度的或环境保护部门不予批准的项目，金融部门一律不予贷款。2000年6月又发布《关于对淘汰落后生产能力、工艺和产品、重复建设项目限制或停止贷款的通知》，对国家严格限制行业的企业贷款，要严把环保关，对国家禁止的、不符合环保规定的项目建设等企业不予贷款并收回已经发放的贷款。国家环境保护部与中国人民银行从2007年4月1日起把环境执法信息纳入人民银行征信管理系统，环保部门通过与金融部门联动，强化执法手段，放大环境处罚效果，促使排污企业强化守法意识和自律措施，规范自身环境行为，自觉加强环境污染防控；而金融部门则可以通过掌握企业的环境违法信息，严格信贷管理，防范信贷风险[14]。

为督促重污染行业上市企业严格执行国家环境保护法律、法规和政策，避免上市企业因环境污染问题带来投资风险，调控社会募集资金投资方向，根据中国证券监督管理委员会对上市公司环境保护核查的相关规定，国家环境保护部在2003年6

月发布《关于对申请上市的企业和申请再融资的上市企业进行环境保护核查的规定》，要求各级环保部门对重污染行业申请上市的企业和申请再融资的上市企业所募集资金投资于重污染行业的以下内容进行审查（该通知将重污染行业暂定为冶金、化工、石化、煤炭、火电、建材、造纸、酿造、制药、发酵、纺织、制革和采矿业10个行业）。首先，对于申请上市的企业应该核查以下内容：第一，排放的主要污染物达到国家或地方规定的排放标准；第二，依法领取排污许可证，并达到排污许可证的要求；第三，企业单位主要产品主要污染物排放量达到国内同行业先进水平；第四，工业固体废物和危险废物安全处置率均达到100%；第五，新、改、扩建项目"环境影响评价"和"三同时"制度执行率达到100%，并经环保部门验收合格；第六，环保设施稳定运转率达到95%以上；第七，按规定缴纳排污费；第八，产品及其生产过程中不含有或使用国家法律、法规、标准中禁用的物质以及我国签署的国际公约中禁用的物质。其次，对于申请再融资的企业，除符合上述对申请上市企业的要求外，还应核查以下内容：第一，募集资金投向不造成现实的和潜在的环境影响；第二，募集资金投向有利于改善环境质量；第三，募集资金投向不属于国家明令淘汰落后生产能力、工艺和产品有利于促进产业结构调整。申请上市的企业和申请再融资的上市企业只有达到这些具体环保指标，企业才能申请上市融资。

（3）政府完善绿色税收法律体系引导有利于环境保护的生产和消费行为。我国现行税制法律体系中利于环保的税收措施主要有：企业综合利用资源，以《资源综合利用企业所得税优惠目录》规定的资源作为主要原材料，生产国家非限制和禁止并符合国家和行业相关标准的产品所取得的收入，减按90%计入收入总额，并对这些综合利用资源的产品实行增值税减免；符合条件的环境保护、节能节水项目（包括公共污水处理项目、公共垃圾处理项目、沼气综合开发利用项目、节能减排技术改造项目、海水淡化项目等）所得，自项目取得第一笔生产经营收入所属纳税年度起，第1年～第3年免征企业所得税，第4年～第6年减半征收企业所得税；企业购置并实际使用《环境保护专用设备企业所得税优惠目录》、《节能节水专用设备企业所得税优惠目录》和《安全生产专用设备企业所得税优惠目录》规定的环境保护、节能节水、安全生产等专用设备的，该专用设备投资额的10%可以从企业当年的应纳税额中抵免，当年不足抵免的，可以在以后5个纳税年度结转抵免；对造成环境污染的卷烟、焰火、鞭炮、汽油、柴油、摩托车、小汽车征收消费税；对木制一次性筷子、实木地板征收消费税；对一些综合利用资源的产品实行增值税减免；对环保部门的公共设施免税；对开采原油、天然气、煤炭、其他非金属矿原矿、黑色金属矿原矿、有色金属矿原矿和盐征收资源税等。2006年4月1日国家税务总局出台《调整和完善消费税政策征收管理规定》，对消费税税率和征税范围进行调整。新增高尔夫球、高档手表、游艇、木制一次性筷子、实木地板、成品油税目，取消了护发护肤品税目，这对于保护环境、节约资源及引导合理消费具有积极意义。从实际情况看，我国对企业环保工作的奖励通常是以减免税收和发放各种补贴的方式实现的，这充分体现了国家对污染治理的大力支持。从实务上看，如果企业的环保工作做的很差，就会受到罚款、赔付、停产、关闭等系列处罚而遭受损失；相反，如果企业的环保工作做得好，则会享受到前述减免税收等系列奖励。可以说政府确认企业在环保方面的收益并进行相关的业绩评价，是企业加强环境成本控制的外在动力。

上述经济控制手段通过市场机制引导企业的行为，其实施的成本小，环境因素能反映到产品价格上，最终引起生产者和消费者行为的改变。

C 政府加大环保资金投入力度

长期以来，我国环境治理所需资金除财政划拨外，更多的依靠发行国债，政府增发国债用于环境保护，是近年来我国环境保护投资占 GDP 比例提高的主要原因[12]。1998 ~ 2002 年间全国环境保护和生态建设共投资 5800 亿元，是 1950 ~ 1997 年间投入总和的 1.7 倍，其中绝大部分是政府财政资金的投入。政府持续、大规模的资金投入是我国环境建设得以顺利实现的基础。1998 ~ 2003 年间，政府安排 690 亿元国债资金直接用于污染防治重点工程，并且投资力度逐年加大，有效地带动了地方政府和社会力量对环保的投资[15]。在国家财政相对有限的情况下，我国政府通过财政经济手段的灵活运用，积极防治环境恶化、改善环境质量并取得一定成绩，在经济保持高速增长的同时，环保投资也逐步增加。“六五”期间，我国环保投资 150 亿元，占 GDP 的 0.5%；“七五”期间环保投资为 550 亿元，占 GDP 的 0.67%；“八五”期间增长至 800 多亿元，占 GDP 的 0.8%；“九五”期间环保投资总额达到 3600 亿元，占 GDP 的 0.93%；“十五”期间环保投资超过 7000 亿元，约占同期 GDP 的 1.3%；“十一五”期间环保总投资预计 13750 亿元，约占同期 GDP 的 1.6%[16]。从这些数据可以明显看出，环境保护投资呈上升态势，这也充分说明了环保投资的增加，对改善环境质量、拉动内需和促进经济增长起了巨大作用。

1.1.2.2 公众关注环境管理

近年来，公众对环保的关注程度越来越高，环境责任意识日趋提高。1998 年国家环境保护部和教育部对全国 31 个省、市、自治区中 139 个县级行政区进行的抽样调查显示，56.37% 的公众已经意识到我国环境问题的严重性。2003 年同一调查表明，公众的环保意识已达较高水平，64.2%的被调查者认可“为了后代的环境，当代人应该牺牲自身利益”，对人与环境的关系有了明确认识[17]。越来越多的公众不仅关注自己生存的家园，还开始关注自己及子孙后代生存环境的质量，关注政府定期披露的环境信息，关注企业披露的环境信息，关注企业利润增长是否以破坏环境为代价，关注国民经济的增长是否坚持了科学发展观等。公众通过各种渠道，对破坏和污染环境的事件和行为提出批评和指控。公众环保意识的增强对环境成本信息的需求量越来越大。

1.1.2.3　生产者责任延伸制度的建立

生产者责任延伸（Extended Producer Responsibility，EPR）制度的思想最早出现在瑞典1975年《关于废物循环利用和管理的议案》中，这项制度最早作为一项环境保护策略产生，此后基于对该策略的目标以及所涉及的产品生命周期的理解的变化，政府和有关专家对此策略的定义也在不断发生变化。生产者责任延伸（EPR）制度的出现和发展反映出环境政策的一些趋势，包括从所谓的末端处理到环境预防的策略转变，产品全生命周期处理方法以及非强制性政策在环境法领域内的广泛应用等。生产者责任延伸制度作为一项环境保护策略，促使生产者责任环节延长（见表1-1），使得生产者必须在发生源抑制废弃物的产生，有动力设计对环境负荷压力比较小的产品，在生产阶段就促进了循环利用，增大了资源的利用效率[18]。与传统的责任划分类型相比较，生产者责任延伸制度的突出特征为：一是产品在回收时所发生的管理和费用的责任部分或全部地向产品生产者转移；二是使企业在设计产品的时候具有考虑产品生产或废弃后对环境影响的动机[19]。

表 1-1　生产者责任延伸制度下的责任划分

产品的生命周期	原材料选择和产品设计阶段	生产阶段	生命结束阶段
责任内容	（1）选择非有毒有害等要求的原材料 （2）产品的设计符合方便拆解等原则	（1）在生产过程预防和管理对环境的污染 （2）合理管理工业废物的经济和法律责任	管理废弃产品的责任
传统的责任划分	没有责任主体	生产者的责任	中央或地方政府的责任
EPR 制度下的责任划分	生产者的责任		

我国虽然没有制定明确的生产者责任延伸制度，但相关的法律法规内容已经确切表明我国的生产者责任延伸制度已经渐具雏形。为了应对国内日益严峻的环境资源稀缺和环境污染问题，建立完善的生产者责任延伸制度已经成了我国决策层的共识。《中国国民经济和社会发展“十一五”（2006～2010 年）规划纲要》的第六篇“建设资源节约型、环境友好型社会”第二十二章“发展循环经济”第五节“加强资源综合利用”中明确提出：“建立生产者责任延伸制度，推进废纸、废旧金属、废旧轮胎和废弃电子产品等回收利用。加强生活垃圾和污泥资源化利用。”修订后的《中华人民共和国固体废物污染环境防治法》第五条规定：“国家对固体废物污染环境防治实行污染者依法负责的原则。产品的生产者、销售者、进口者、使用者对其产生的固体废物依法承担污染防治责任”。这就从法律上明确了生产者责任的延伸。国家发改委制定《废旧家电及电子产品回收处理管理条例》，该《条例》以资源循环利用和环境保护为目标并小规模试行生产者责任延伸制度。另外，2004 年 4 月召开的“全国生产者责任延伸制度行业标准制定及电子废弃物资源化与综合利用技术政策研讨会”，对我国的生产者责任延伸制度进行

了专门讨论。2008 年 8 月 29 日闭幕的十一届全国人大常委会第四次会议表决通过了《中华人民共和国循环经济促进法》，自 2009 年 1 月 1 日起施行。促进循环经济发展的一些核心制度，如循环经济的规划制度、抑制资源浪费和污染物排放总量控制制度、循环经济的评价和考核制度、以生产者为主的责任延伸制度、对高耗能和高耗水企业设立重点监管制度等体现在该法中。可见，生产者责任延伸制度是融合了循环经济思想的政策理念，逐渐成为各国环境管理模式的重要手段。

生产者责任延伸制度不仅是一项环境保护策略，更是一项经济政策，其贯彻落实取决于产品生命周期中各阶段各方的利害关系，以外部环境成本内部化时的重新分配为主要特征。联合国统计署、美国环境管理委员会、联合国国际会计和报告标准政府间专家工作组分别对环境成本有明确的定义，但都可以概括为企业活动中所有与环境相关的费用以及企业活动对环境造成的负外部性支出。企业作为对环境的重要影响者，应担负起治理环境污染和恢复环境功能的责任，而生产者责任延伸制度正是明确了企业的这些责任。因此，生产者责任延伸制度的实施明确了企业加强环境成本控制的责任[20]。

1.2　研究目的和意义

企业不仅是市场经济的重要参与者，更是经济资源的主要消耗者，企业的生产经营过程在创造大量财富的同时也源源不断地消耗有限的资源。有关研究发现，自然资源所接受的污染物有 80% 源于企业。21 世纪，在建设资源节约、环境友好型社会、发展循环经济的呼声中，企业之间的竞争更多地体现在对资源环境的最优利用和有效保护，企业行为应减少环境破坏和环境污染，因此 21 世纪将是以追求可持续发展为标志的环境与经济协调发展的世纪。虽然企业在注重环境保护时其经营成本会增加，在某段时期其竞争力可能会下降，但是随着“外部成本”的内部化，免费使用环境资源的现象将逐渐减少。西方发达国家越来越多的企业已经开始将环境成本控制视作赢得竞争优势、实现可持续经营的重要手段。

国家提倡的环境管理和循环经济目标需要企业环境成本控制活动的顺利实施来保证，而企业实施环境成本控制活动还需要有相应的制度来督促，生产者责任延伸制度正是促使企业自觉控制环境成本的有效制度。面对这项新的制度，企业的首要问题是采取何种手段体现其延伸责任以应对生产者责任延伸制度的约束，即企业应该选择何种手段，在严格执行生产者责任延伸制度要求的同时，又能很好的控制环境成本。正是在这样的背景下，有必要对生产者责任延伸制度下的企业环境成本控制进行研究。

本书旨在可持续发展战略的引导下，在生产者责任延伸制度的实施前提下，探究企业控制环境成本的理论基础，构建企业环境成本控制框架与环境绩效评价体系，以加快我国在环境会计方面的具体会计准则和会计制度的建设，并为企业实现经济效益、社会效益和生态效益的共赢，最终实现可持续发展提供借鉴。

在理论方面，本研究整合了环境成本控制的相关理论，梳理了国内外有关环境成本分析、环境成本控制、环境绩效评价的研究，试图将现代环境管理会计的一些思想和方法运用到企业环境成本控制中，探讨环境成本控制在环境管理体系中所起的作用，从而为企业有效推行环境控制体系，在提高经济效益的同时降低对环境的影响，促进企业的可持续发展等方面提供借鉴。

在实践方面，环境成本控制是指导企业减少环境污染和破坏，增加环境保护，提高企业产品的环境质量，提升企业“绿色竞争力”的重要技术方法和手段。本研究通过调查我国上市公司环境成本信息披露的现状，了解到企业利益相关者对企业披露环境成本信息的内在需求，以案例分析的方法探讨了企业在生产者责任延伸制度下控制环境成本的现实选择，实证分析了环境业绩量化评价方法在企业的应用。这些研究将为政府部门、信息监管机构、证券交易所、企业等主体评价企业的环境成本控制和环境绩效提供参考和指引。本研究也从思维观念上给企业管理者和财会工作者提供了一种新的管理思路，改变以往企业认为治理环境和提高竞争力之间存在矛盾的观点。

1.3 研究内容和框架

1.3.1 研究内容

本书共7章，第1章绪论，主要就研究背景进行阐述、概要介绍本书研究的目的和意义、研究的主要内容和框架及采用的方法，并对与本书相关的主要概念进行界定；第2章相关研究文献回顾，主要就环境成本理论、环境成本的界定、环境绩效评价标准、生产者责任延伸制度等问题的国内外研究状况进行论述；第3章企业环境成本控制相关的理论基础，主要就可持续发展理论、外部性理论、环境产权理论、环境价值理论、企业伦理学理论等这些与环境成本有关的理论基础进行探讨；第4章生产者责任延伸制度下企业环境成本控制框架的构建，主要就我国企业环境成本控制现状、生产者责任延伸制度包括的基本要素、生产者责任延伸制度下企业环境成本控制的目标，原则与控制模式、生产者责任延伸制度下企业环境成本控制体系的建立等问题进行探讨；第5章生产者责任延伸制度下企业环境成本控制的现实选择，主要从生产者责任延伸的角度，就企业环境成本控制的事前规划（产品或工艺生态设计）、企业环境成本事中控制（清洁生产）和企业环境成本事后控制（环境成本审计）等问题进行论述，并以案例分析的方法分析了这三种控制方式在企业中实施的有效性。因为控制的目的就在于追踪执行过程，评价工作绩效，寻求改进措施，达到预定的生态经济效率目标；第6章企业环境绩效评价，主要运用层次分析法和模糊数学的原理，借助于专家咨询法，构筑了对企业环境绩效进行量化评价的二级模糊综合评价模型，并以企业实例考察了其在企业中实施的有效性；第7章为总结与研究展望。

1.3.2 研究框架

研究框架的主体部分见图1-1。

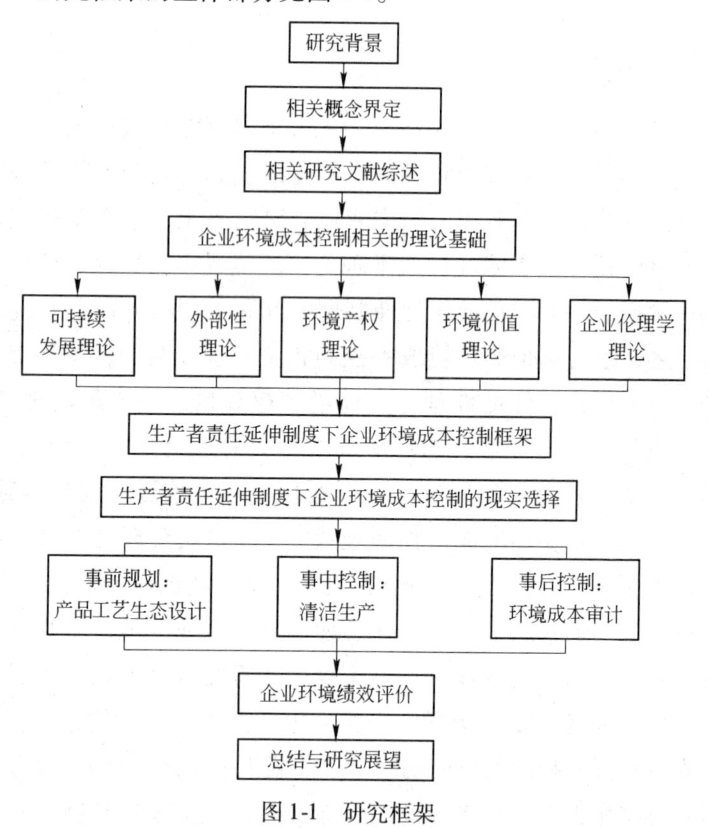

图1-1 研究框架

1.4 研究方法

理论来源于实践，又用于指导实践，本书以理论与实践相结合为宗旨，主要采用以规范研究和实证研究相结合的方法展开研究。具体阐述如下：

（1）采用归纳综合、比较等规范研究的方法。同其他任何研究一样，本书也只是在前人已有研究成果上的一个小的推进。归纳法的用处在于可以对广泛收集的文献资料，就某个具体问题的认识进行概括和总结，以形成比较全面的认识，得出相对准确的结论。本书的第 2 章采用规范研究与比较分析的方法，对国内外研究进行综述。本书的第 3 章运用归纳研究的方法，借助社会学、环境经济学、环境科学和管理会计学的概念、理论和方法，对环境成本控制的相关理论进行了阐释，以便准确把握环境成本控制的理论研究基础。本书的第 4 章运用比较分析和归纳综合的方法对生产者责任延伸制度下企业环境成本控制框架的构建进行研究。

（2）案例研究和实地调查法相结合。因企业环境控制决策受到多种变量的影响，难以对其进行控制，比较适合案例研究。本书的第 5 章采用案例研究的方法分析了生态设计、清洁生产、环境成本审计这三种环境成本控制方式在企业中实施的有效性。由于环境问题的经济外部性特征，有关数据之间很难建立相关联系，因此，研究企业的环境成本控制也比较适合采用实地调查法。笔者实地去企业调研，掌握第一手资料，考察本书第 6 章建立的环境绩效评价模型在企业中的应用情况，探索将环境绩效评价模型运用于我国企业的可能性。

（3）企业环境绩效评价采用定量评价方法。在本书第 6 章所设计企业环境绩效评价中，运用专家咨询法，根据层次分析法、模糊数学的原理建立企业环境绩效评价的模糊综合评价模型，对企业的环境绩效进行量化的评价，并考察了其在企业的实际应用。

1.5 相关的主要概念的界定

1.5.1 生产者责任延伸

1988 年，瑞典隆德大学（Lund University）环境经济学家托马斯·林赫斯特（Thomas Lindhquist）教授首次提出了生产者责任延伸（Extended Producer Responsibility，EPR）概念。Lindhquist 在 2000 年给出的生产者责任延伸的定义被广泛使用。生产者责任延伸是为了实现降低产品的总体环境影响这一环境目标，要求产品的生产制造者对产品的整个生命周期，特别是产品使用寿命终结后产品的回收、循环利用和最终处理承担责任。生产者责任延伸的具体实施是通过运用管理、经济和信息等手段和工具。这些手段和工具的组成决定了生产者责任延伸政策的具体形式[21]。本研究对生产者责任延伸的界定借用了这种含义。

生产者责任延伸制度作为一项环境保护策略，可以理解为：特定产品的制造商或者进口商要在产品生命周期内的各个阶段（包括生产过程和产品生命结束阶段），特别是产品的回收、利用和最后处置阶段，承担环境保护责任，促使产品生命周期内所产生的环境影响的改善。

1.5.2 环境

环境是指我们周围的自然物质存在，包括空气、水、陆地、植物、动物和非再生资源（如石油、矿物）。

1.5.3 环境成本

综观国内外研究成果，探讨环境成本往往有特定的立足点和特定的目标。因此，环境成本存在着多种定义。美国环保局（1996）并未对环境成本做出统一的定义，但是为了使管理决策更好地关注环境成本，美国环保局对环境成本分为传统成本、隐藏成本、偶发成本和形象与关系成本四类[3,78]。

按照生产者责任延伸制度的要求，结合美国环保局（1996）对环境成本的分类，以现行财务会计对成本的界定为基础，认为环境成本是指企业因预防和治理环境污染而发生的各种对企业财务有直接影响的支出（内部环境成本），以及由于企业活动可能对个人、社会和环境造成不良影响，目前企业尚未负责的成本（外部环境成本），它的发生会引起企业资产流出或环境负债增加。

环境成本的内容包括内部环境成本和外部环境成本，前者包括传统成本、隐藏成本、偶发成本和形象与关系成本，后者包括环境降级成本、对人类造成影响的成本。环境成本的内容见表1-2。

表1-2 环境成本的内容

内部环境成本	外部环境成本
（1）传统成本	（1）环境降级成本
（2）隐藏成本	（2）对人类造成影响的成本
（3）偶发成本	
（4）形象与关系成本	

1.5.3.1 内部环境成本

内部环境成本指由企业承担（包括那些由于环境方面因素

引致发生）并且已经明确是由本企业承担和支付的可用货币计量的费用。

（1）传统成本。它包括企业在生产过程中使用资本设备、原材料、物料、设施、人工等的成本以及通常与业务有关的管理费用。传统成本通常直接与项目、产品或生产流程有关，并且容易获得成本资料。传统成本支出和环境保护有关，减少对这些物质的消耗和浪费，可以减少环境恶化的程度，企业在决策中必须考虑这些成本。

（2）隐藏成本。指通常隐藏在制造费用中，容易被管理者忽视的成本。例如对废弃物进行管理、测试、检测和监控的成本。它一般包括前期环境成本、合法性环境成本、自愿环境成本和后期环境成本[3,78,79]。前期环境成本是企业在生产开工之前发生的成本，如有利于环境的产品或工艺的设计，选择污染控制设备时进行的评估等相关成本；合法性环境成本和自愿环境成本是在某一流程、系统或工厂运营过程中产生的，前者是企业为遵守环保法规而产生；后者是企业为了把环保状况改善到法规的标准而自愿承担的成本。后期环境成本是指由当前经营产生，但要到工厂、生产线关闭后才发生的成本。这类成本在传统会计体系中不被确认。

（3）偶发成本。指环境成本在未来的某一时点可能发生、也可能不发生的成本，在财务会计上构成或有负债。包括企业为未来发生的违反环保法规的罚款支出，以及环境意外后果而在未来发生的成本。

（4）形象与关系成本。是指企业为了提高社会形象和与企业所在社区保持良好关系而发生的成本。它们通常被称为无形成本，其发生将影响管理者、消费者、雇员、社区和执法者的主观判断。例如企业自愿发布年度环境报告的成本，企业为改善所在社区的环境而自愿发生的绿化支出，其他为提高企业环境保护形象和环境保护知名度而发生的成本等。这些成本本身是有形的，但是这些支出所带来的直接经济效益（如企业形象的提升等）通常是无形的。

企业内部环境成本的发生，除了表现为企业费用、主营业务成本和或有环境负债增加外，还有可能表现为企业相关资产的增加，最终会对企业财务有直接的影响。

1.5.3.2 外部环境成本

外部环境成本是指那些由本企业经济活动所引起的尚不能明确计量、由于各种原因企业在法律上未承担不良环境后果的费用。

（1）环境降级成本。指企业因为生产经营活动而导致生态资源质量下降，进而对资源环境造成迫害的货币表现。例如，工业废弃物排放污染了生态系统，当废弃物的排放超过环境稀释、分解、净化能力时，就导致环境污染，环境污染实际就是环境资源等级的下降。环境降级通常表现为资源退化，提供的效用降低；废弃物排放超过环境容量，环境质量下降，自净能力减弱。生态环境的降级往往是多种因素造成的，如某一区域内的水污染问题，当地造纸厂可能是主要的污染源，但该区域的生活用水和其他工业污水的排放也是原因之一，因此不能明确水资源的降级成本具体由谁来承担。因环境降级成本存在无明确承担者、计量困难等特点，在目前的法律体系下通常不能明确由某一个企业来承担，政府一般从宏观的角度来反映这部分损害成本，但是企业也必须采取措施积极将这部分外在性的成本予以企业内部化，构成企业总成本的一部分，从而承担其生态环境责任。

（2）对人类造成影响的成本。指企业因为生产经营活动而导致环境污染，从而使人类的健康、财产和福利受损，但是在目前的法律体系下企业尚未承担这些损失的货币表现。例如，工业废气的排放造成空气污染，人们就会得哮喘病；企业的噪声污染，使人类的听力受损；有毒废水的排放污染了河流，人们引用污水导致生病、精神受损以及迫使人们到很远的地方去寻找新的饮用水源。人类为恢复健康所发生的系列支出就属于此类环境成本。一般说来，企业环境污染对人体健康造成的损失包括直接损失和间接损失两类，直接损失费用有预防和医疗费用，死亡丧葬费；间接损失费用有病人和非医务人员护理陪住等误工造成的收入减少，此外还有舒适性损失，但舒适性损失目前很难评价。

1.5.4 环境资产

联合国国际会计和报告标准政府间专家工作组（ISAR）指出，环境资产是指由于符合资产的确认标准而被资本化的环境成本[22]。

1.5.5 环境负债

联合国国际会计和报告标准政府间专家工作组（ISAR）指出，环境负债是指企业发生的，符合负债的确认标准，并与环境成本相关的义务。在某些国家，当履行义务的支出金额和时间不确定时，环境负债被称为环境负债准备[22]。

2 相关研究文献回顾

2.1 环境成本理论

2.1.1 国外的相关理论

自从20世纪70年代以来至今，国外对环境成本研究从企业内部控制、环境费用与环境效益、信息披露等方面展开，在环境会计理论研究和实物操作方面取得了较大进展，同时进行了大量的案例研究，美国、日本、欧盟、亚太国家纷纷将环境成本问题引入会计研究领域，并开始试点实施企业环境成本核算、控制、审计、信息披露以及环境绩效评价制度[23]。但是各方就上述问题的研究存在很多差异。

2.1.1.1 联合国国际会计和报告标准政府间专家工作组(ISAR)的环境成本理论

联合国国际会计和报告标准政府间专家工作组（ISAR）对环境成本及环境绩效评价问题进行了卓有成效的研究。1995年ISAR就“环境会计”这一专题展开研究，并认为要解决环境会计的核算问题，其立足点应放在解决“环境成本”的核算方面。1998年ISAR发布了《环境会计和报告的立场公告》，这是国际上第一份关于环境会计和报告的系统、完整的国际指南。公告指出，环境成本指“为管理企业活动对环境造成的影响而被要求采取措施的成本，以及因企业执行环境目标和要求所付出的其他成本”[22]。环境成本如果符合以下特征就应资本化，并在当期及以后各受益期间进行摊销：提高企业所拥有的其他资产的能力，改进其安全性或提高其效率；减少或防止今后经营活动所造成的污染；保护环境[22]，对于那些不会在未来带来经济利益的环境成本，应作为费用计入当期损益，如废物处理成本等；因不遵守环境法规而形成的罚款以及由于环境污染和损害造成损失或伤害而对第三方的赔偿，在作为费用计入损益时，应单独披露[22]。此外，ISAR 于 1991 年公布了披露环境信息的第一份指南，1998 年根据新出现的问题对原指南做了修订，确定了 8 个关键性的环境绩效指标，如环境影响最终指标、潜在环境影响的风险指标、排放物和废弃物指标、投入指标、资源耗费指标、与环境相关的资本性支出和运营成本等财务指标，并于 2000 年发布《实现环境业绩与财务业绩指标的结合》等国际指南，将企业对股东的财务责任扩大到社会责任和环境责任，促进了各国对环境绩效的研究。

2.1.1.2 欧洲的 ECOMAC 项目

ECOMAC 项目的全称是“Eco-management accounting as a tool environmental management”，它代表环境管理（environmental management）和管理会计（management accounting）的综合体系。Matteo Bartolomeo（2000）把 ECOMAC 定义为：“将企业的环境观念和经济观念统合起来，为了可持续经营，对财务信息和非财务信息进行收集、分析和利用。”[24] 1996 年在欧洲联盟（EU）的资助下，由意大利财团（FEEM）、荷兰的 TNO and Erasmus 大学、英国环境和经济发展研究中心（CEED）和德国的 IBM 公司，四方机构联合组成调查小组，对德国、意大利、荷兰和英国的 84 家公司进行有关环境管理和管理会计方面的调查，并针对其中15家公司的环境管理会计案例进行研究，得出结论：管理会计和环境管理的有效结合相比于末端治理的传统污染防治方法将更有利于企业财务价值的提升；传统的管理方法通常不易识别内部环境污染成本，结果在日益严格的环境法规下这些成本通常隐藏起来；作业成本计算法能准确的计算环境成本的发生数额，在环境成本计算上，作业成本（ABC）应被更多地采用。

2.1.1.3 德国的环境成本理论

1996年德国的环境部编辑出版《环境成本核算手册》，提出将环境成本从传统的成本核算体系中分离出来，采用环境成本和传统成本并行核算的模式，分别编制环境报告和财务报告，推动了环境会计的发展。近年来，德国致力于材料流动会计项目的研究。材料流动会计是由德国的奥格斯堡（Augsburg）大学管理与环境协会（IMU）开发的项目，其目标是通过流量管理（Flow Management）的手段减轻环境压力和降低成本，同时提高经济效率和环境效率[25]。环境成本在输入企业和输出企业的流转过程中被分为四类，事后的环境保护成本、环境保护预防成本、残余物发生成本、不含环境费用的产品成本，这种环境成本分类法注重环境成本与环境负荷的联系。材料流动会计通过量化材料流转系统中的各因素，改进使废弃物转变为资源的材料流转环节，达到既提高材料利用效率又降低企业环境负荷的目的[26]。

德国的史迪芬·肖特嘉（Stefan Schaltegger）教授和澳大利亚的罗杰·布里特（Roger Burrit）教授（2000）[27]合著了《现代环境会计：问题、概念与实务》一书，指出环境会计可以分为微观和宏观两种体系，作为微观体系来说，环境会计主要反映环境问题对企业的财务影响和企业活动所造成的环境影响。

财务影响在财务会计和管理会计领域得以反映，而环境影响则通过生态会计来反映。在传统管理会计领域里考虑生态环境因素对企业的财务影响即为环境管理会计，环境成本是环境管理会计的主要内容，环境成本包括外部环境成本和内部环境成本，外部环境成本由导致该成本并获得相应利益的人以外的人承担的成本，传统上，外部成本不在公司的会计系统中反映。内部环境成本是企业为环境保护而发生的成本，可以分为正常成本和非正常成本、潜在的未来成本。国际会计准则委员会（IASC）在第8号国际会计准则（IAS）第6节中，指出非常项目是那些与企业正常活动明显不同的事项或交易所引发的收入或费用，这些项目被预期未来不会再次经常性的或定期的发生。正常活动是企业进行的、构成其业务内容的任何活动，以及企业所从事的相关活动，这些相关活动包括为推动业务而进行的活动，以及业务活动附带的、因业务活动而产生的其他活动。正常成本如清理设备的资本和运营成本，是与环境的关系最为明显的成本之一。企业因意外的、非常的事故会引发非常成本。潜在的未来成本必须估计，如未来的垃圾填埋场的修复成本。

2.1.1.4　美国的环境成本理论[28]

从20世纪70年代中期开始，监控危险废弃物的生产和处置是美国联邦政府和环保局的重要工作，为此美国颁布了一系列与环境保护有关的法律法规。这些法律法规对企业在预防、降低、治理环境污染方面提出严格要求，相应的也给企业增加了一系列的环境成本和环境负债，有时其数额非常巨大，会关系到企业的生死存亡。

到目前为止，美国已经颁布的有关环境成本法规主要包括：美国财务会计准则委员会（The Financial Accounting Standards

Board，FASB）1975 年颁布的财务会计第 5 号准则［Statement of Financial Accounting Standards（SFAS）No. 5］《或有事项会计》（Accounting for Contingencies）是处理潜在环境责任的权威标准。该标准将或有事项定义为“一种业已存在的条件和状态，或者一系列含有的不确定因素可能导致企业由于一件或多件事情的发生或未能发生而终结的事项”。据此，将环境补偿成本定义为：一旦某公司被确认为主要责任人，那么其潜在的环境责任就已存在，但其确切的补偿数量将依照未来事件的发生而确定，包括向美国国家环保局（USEPA）支付清理费用及同其他责任人分摊费用。如果公司被确认为主要责任人，面临的主要问题是如实在年度报告中公布有关补偿成本的确认情况。SFASNo. 5 提供了三种不同的披露标准：第一，如果这种潜在责任很可能发生并且能够合理预期，应在其财务报告中予以充分记录（如在损益表中的损失项目下或在资产负债表中的负债项目下予以记录）；第二，如果这种潜在责任有可能发生但不能合理预期，或发生的可能性不大或不能合理预期，那么应在报表附注中予以揭示；第三，如果这种潜在责任发生的可能性非常小，则无需揭示。一旦公司被确认为首要责任人，则存在对超级基金场所承担潜在清理责任。因此，责任揭示问题取决于该成本费用能否确认和计量。1976 年 FASB 颁布财务会计准则第 14 号解释公告（FIN No. 14）《损失金额的合理估计》（Reasonable Estimation of the Amount of a Loss），该标准涉及环境责任的确认和揭示[29]。但因损失额下限易于确定而上限难以确定，大部分公司在环境责任方面缺乏全面的揭示。FASB 下设的紧急任务组（Emerging Issues Task Force，EITF）发表“EITF89-13 石棉清理成本会计”和“EITF90-8 污染处理费用的资本化”的关于环境成本会计处理的文件[30]，环境成本只有在满足：（1）延长了资产使用寿命，增大了资产的生产能力或改进了其安全性和生产效率；（2）减少或防止以后经营活动所造成的污染；（3）资产将被出售这三个条件时才能资本化，否则作为费用计入当期损益。

1982年美国证券交易委员会（SEC）整合所有的环境信息披露要求，归纳为S-K规则（Regulation S-K），要求公司披露与环境有关的成本和负债、未决环境诉讼等环境信息。其中第101、103、303项条款都对证券上市公司有关环境信息的披露提出要求，包括公司对有关环境法律法规的遵守情况以及由此引起的未决诉讼和控制；对资本支出、盈利和竞争地位的影响；对今后环保设备投资的说明；环境等已知和未知因素可能对公司资产流动性与资本来源造成的影响。为满足企业利益相关者的要求，1989年美国证券交易委员会（SEC）发布《财务报告文告36号》[Financial Reporting Release（FRR）36]，针对企业年报中“管理层讨论与分析”（Management's Discussion and Analysis，MD&A）部分应论述的内容，要求企业按照SEC发布的S-K规则披露环境会计信息。1993年美国证券交易委员会（SEC）颁布的第92号专门会计公告（Staff Accounting Bulletin，SAB 92）[31]是专门就环境会计与报告问题予以说明的一份公告，其主要内容包括：在财务报表上分别列示环境负债和可以收到的补偿（保险公司或其他方面的应收款）；确认可能在其他方面承担的环境成本；环境负债计量的基础；对预计的环境负债和补偿予以贴现的做法；分级管理的企业的环境负债列示；或有事项、场地清理和监控成本在财务报表中的披露。1995年美国环保局（USEPA）发布了《作为经营管理手段的环境会计：基本概念及术语》，阐述了环境会计的基本概念，并对环境成本的概念及分类进行界定。1996年美国注册会计师协会（AICPA）的会计标准执行委员会发布了关于“环境补偿责任”（Environmental Remediation Liabilities）的业务报表第96-1号出版物

（AICPA Statement of Position 96-1，SOP 96-1），提出了企业在报告环境补偿责任和确认补偿费用的基本原则，为特定环境成本与负债的确认、计量和披露提供了可参考的标准[32]。

综上，美国发布的有关环境会计和环境成本的主要法律法规见表2-1。

表2-1　美国关于环境会计和环境成本的主要法律法规

环境会计主要法律法规	发布年代	发布机构
财务会计准则第5号（SFAS No. 5）	1975年	美国财务会计准则委员会（FASB）
财务会计准则第14号解释公告（FIN No. 14）	1976年	美国财务会计准则委员会（FASB）
超级基金法案（The Superfund Act）	1980年	美国国会（The Congress）
S-K系列规则（Regulation S-K）	1982年	美国证券交易委员会（SEC）
财务报告文告36号（FRR36）	1989年	美国证券交易委员会（SEC）
第92号专门会计公告（SAB92）	1993年	美国证券交易委员会（SEC）
环境补偿责任的业务报表第96-1号出版物（SOP96-1）	1996年	美国注册会计师协会（AICPA）

按照上述法律法规，企业有可能发生的环境成本与负债包括[33]：（1）按照法律法规要求开展环境保护所产生的成本与负债；（2）按照法律法规要求对已经污染的项目或土地进行清理所产生的成本与负债；（3）企业的污染排放物对其他组织和个人造成损害，由于索赔而由污染企业承担的成本与负债；（4）违反环保法规受到惩罚所产生的成本与负债。在追索环境污染主体的前提下，企业因环境问题所发生的成本和负债将会越来越大，按照重要性原则，对其进行管理并披露就非常必要[34]。为了保证上述会计准则和处理要求能被各上市公司接受，1990年美国证券交易委员会与环保局合作，由环保局每季度向证券交易委员提供各种类型企业的环境信息，证券交易委员根

据这些信息评价企业是否对环境信息进行充分的披露，从而对那些环境问题严重而尚未对环境成本、环境负债披露的企业进行处罚。在美国环保局的指导下，美国的一些公司纷纷开展了环境成本管理与控制研究。美国电报电话公司在实施环境会计的过程中强调作业成本管理；美国四大石油公司通过对环境成本会计实践的对比，发现了各自进行环境成本控制的优势与劣势，为环境成本控制提供了依据。

2.1.1.5 加拿大的环境成本理论

加拿大特许会计师协会（CICA）1993 年发布《环境会计、环境成本与环境负债》，在财务会计的框架下，探讨了环境成本的确认、期间归属、资本化条件等问题，提出企业以建立环境负债准备金的方式对未来支出的环境成本予以考虑；CICA1997 年发布《基于环境视野的完全成本会计》，讨论了环境成本的概念和全部成本核算的差异，同时还介绍了信息使用者根据不同企业处理的环境完全成本的案例[35]。加拿大特许会计师协会(1993) 将环境成本分为三类[36]：环境预防成本、环境维持成本和环境损失成本。环境预防成本指在实际环境损失发生之前的主动性环境成本支出；环境维持成本指和负面环境影响同步发生，用以维持环境现状而不至于恶化的环境成本支出；环境预防成本和环境维持成本的发生会导致资产的增加或生产能力的改善[37]，它们属于积极的环境成本。环境损失成本指对以前期间或当期环境破坏后果进行补偿所发生的环境成本支出，它属于消极的环境成本。随着环境预防成本的增加，环境维持成本和环境损失成本都有下降的趋势，最终环境总成本呈现递减趋势。

2.1.1.6 日本的环境成本理论[38]

日本环境省（Japan Ministry of Environment，JME）的《面

向环境会计2000年报告》，把环境成本分为六类：管理活动成本、研发成本、生产领域成本、上游和下游成本、社会活动成本、损害环境成本。管理活动成本指发生在企业环境管理活动中的成本，如相关环境管理员工工资、ISO 14000认证成本和环境审计成本；研发成本是在环境友好的产品或生产流程的研发活动中发生的成本；生产领域成本是为控制生产领域的活动对环境造成的影响而发生的成本；上游和下游成本指为了控制在企业的上游或下游因为产品生产（服务）活动而导致的环境影响所发生的成本，环境友好产品设计的成本主要发生于该阶段；社会活动成本指社会活动中发生的环境成本，包括社会捐赠和环境信息披露成本；损害环境成本指损害环境引致的环境成本，它主要由企业经营活动之外的行为引起。日本环境省2003年发布的《环境报告书指导方针》已经成为日本大公司发布环境会计和有关计算指标、发布环境信息的指南规范，越来越多的日本企业通过公开财务报表揭露环境信息，执行环境成本会计系统。

上述国外相关的环境成本的研究成果对于我国的研究具有借鉴作用。

2.1.2 国内的相关理论

随着我国环境资源状况的恶化以及可持续发展战略的确定，在我国环保法律法规日益完善的今天，会计理论界逐渐加大对环境会计和环境成本的研究。在葛家澍、郭道扬、林万祥等一批知名会计学者的带领下，目前有大量学者投入到环境会计与环境成本的研究工作。中国会计学会于2001年1月成立环境会计专业委员会，并于2001年11月24日在南京大学召开首次环境会计专题研究会，就共同关注的问题进行研讨。

从我国现行法律法规的要求和企业的实践来看，企业因环境问题引发的成本与费用主要包括下列19种：（1）排污费；（2）对厂区、矿区进行零星绿化的费用；（3）土地损失补偿费；（4）矿产资源补偿费；（5）环境管理机构经费支出；（6）环境监测支出；（7）罚款与赔付；（8）废物处理费用；（9）已经发生的污染现场清理支出和目前计提的预计将要发生的污染清理支出；（10）环境恢复支出；（11）被政府环境管理机关勒令停产限期治理的生产经营损失；（12）购置环保设施支出；（13）降低污染和改善环境的研发支出；（14）在建工程执行“三同时”制度发生的与环保有关的设计费用、施工材料费、有关人员工资；（15）已有环保设备进行更新改造的费用以及提取的折旧费；（16）绿色产品标志认证费；（17）环境税金，如资源税、城镇土地使用税；（18）计提的环境设备减值准备；（19）其他支出[39]。针对名目繁多的环境成本，国内不少学者研究环境成本控制的对策。王京芳（2008）[40]把企业环境管理和控制放在企业活动系统管理和战略管理框架下，来探讨企业环境管理。她尝试融入体制环境因素、技术环境因素、利益相关者因素、探讨影响企业环境管理的影响因子，并结合环境绩效评估，构建了企业环境管理整合性模式的分析架构。结果显示体制环境因素、技术环境因素对企业环境管理和操作绩效有显著正向效果。企业环境管理对于管理绩效和操作绩效有显著正向效果。黄种杰（1999）[41]认为对企业的环境成本控制应从可持续发展的角度运用系统的观点实现。王跃堂（2002）[42]通过密尔福德公司的案例，阐述了事前规划法的原理。对生产工艺流程优化设计、进而减少生产过程的环境成本，体现了事前规划法事前防控环境成本的意识。谢德仁（2002）[43]指出企业应构建绿色经营系统来控制环境成本，绿色经营系统包括绿色融资；产品与服务设计时秉持与环境为友、与环境协调的理念；设备、原材料、能源等采购时秉持绿色采购或绿色供应链理念；在制造环节实行清洁生产与零排放理念。郭晓梅（2003）[3,86~100]在《环境管理会计研究》专著中，认为可以用作业成本法、完全成本会计法、寿命周期成本法计量环境成本，并以企业案例分析了作业成本法、完全成本会计法的应用。徐瑜青、王燕祥等人（2002，2003）[44]以产品寿命周期分析为基础，提出了有效计划与控制环境成本的“完全成本法”，完全成本法就是将生命周期内的各种成本包括环境成本都纳入其涵盖范围之内的、一种考虑了企业生产经营全部环境影响的成本计划与控制方法，他们指出作业成本计算法是环境成本计算的可选择方法[45]。张杰等（2005）[46]提出运用环境质量成本模型为企业进行环境成本控制提供借鉴。李秉祥（2005）[47]提出运用作业成本法的原理对企业环境成本进行核算与控制。耿建新（2006）[48]依据联合国综合环境经济核算2003提出的宏观自然资源耗减的估价方法，建立了自然资源开采企业资源耗减估价的理论框架，对宏观微观环境会计在自然资源耗减估价方面的衔接进行探讨。王简（2006）[49]提出控制环境成本最有效的措施是企业在生产过程中运用产品生态设计的方法最大幅度减少环境成本支出。王立彦（1998，2004，2006）从微观和宏观两个方面把环境成本分为内部成本和外部成本两类，为环境成本核算和管理做了铺垫[50]；他通过问卷调查的方式对企业实施ISO 14001环境管理体系过程中所投入的成本、产生的费用，以及通过实施ISO 14001所产生的经济效益和社会效益进行分析，并以上市公司数据为基础的分析表明，企业ISO 14000认证对股东权益的增长具有正相关[51]。肖序（2002，2006）从生态设计、材料选择、清洁生产和污染治理等几个方面对企业环境成本控制进行研究，其研究结论意义重大[52]。许家林（2006）[53]认为环境成本具有不同于企业其他成本的特征：第一，可追溯性，指即使企业导致环境问题的行为在当时是合法的，或者说在当时有关的环境法律根本不存在，企业也应对其环境问题负有责任，即谁污染谁治理，包括以前污染的现在也得治理。第二，相关性，指企业对环境问题其他责任方的环境恢复成本、环境使用成本负有相关责任。即企业应对生产经营中的供应方的材料来源是否污染及破坏环境，销售对象深加工和消费是否会因本企业的工艺技术问题而污染破坏环境等负有相关责任。第三，递增性，指随着工业经济的发展导致的劳动力成本、研究治理成本上升，使企业环境成本必然逐年递增。他指出，确定环境成本的可追溯性和相关性应是我国环境保护和治理的必然要求。徐玖平等（2006）指出企业应通过产品寿命周期设计、绿色企业资源计划（ERP）系统设计、绿色供应链管理的方式控制环境成本[54]。

2.1.3 环境成本理论国内外研究概况

我国对环境会计和环境成本的研究始于20世纪90年代，主要是在介绍、借鉴、继承与局部创新的基础上开展起来的，虽未形成系统完整的理论，但是已经取得了一定的成绩。我国目前尚没有形成完整的环境会计制度，企业内部也没有建立环境会计体系。《企业会计准则（2001）》，除了简要提及“绿色费”和“排污费”等环保支出外，没有规定企业应如何确认、计量和报告环境成本及业绩。2006年财政部相继发布38个具体会计准则，较之以往，增加了与环境有关的内容。生物资产、或有负债、弃置费的出现体现了环境会计的思想。在《企业会计准则第5号——生物资产》中，将包括防风固沙林、水土保持林和水源涵养林等以防护、环境保护为主要目的的生物资产定义为公益型生物资产，并详细规定了此类生物资产的确认、后续计量、收获与处置、披露。我国将生物资产列入会计准则体系的一部分，规范了企业农业经济活动的会计行为。此具体准则是“为了规范与农业生产相关的生物资产的确认、计量和相关信息的披露”，却是首次在我国会计准则中提及“环保资产”的概念；《企业会计准则第13号——或有事项》，在强调公允价值对预计负债进行计量的同时，又考虑到多种因素对货币时间价值的影响，采取相关未来现金流出进行折现的方法，对或有关事项进行计量，为预计负债等的后续计量提供了依据。这两个具体会计准则明确了单位和个人对环境相关资产产权安排的需要，从制度、法规方面保障了单位和个人的合法权利。因为在产权明晰的条件下，企业生产经营活动产生的外部不经济以及对其他单位或个人由环境污染而造成的损失，能够得到有效的确认和计量，为环境会计核算提供了有效制度保障。这两个具体会计准则的制定表明在我国会计准则不断完善、与国际趋同的进程中，环境会计制度的建立与完善是指日可待的。

2.2 环境成本的界定

环境成本概念的界定是对环境成本确认、分配、计量和管理的基础。只有对与产品、过程和系统等相联系的环境成本进行概念界定，才能获得相对应的环境成本信息并应用于企业管理决策。

2.2.1 国外研究成果

综观国外研究成果，探讨环境成本往往有特定的立足点和特定的目标。因此，环境成本存在着多种定义，较有代表性的定义或阐述为：

联合国统计署发布的“环境与经济综合核算体系”(SEEA)，从政府宏观角度对环境成本进行界定。环境成本包括由于自然资源数量消耗和质量减退而造成的自然资源价值的减少和环保方面的实际支出[55]两部分内容。

Deborah Vaughn（1995）指出：环境成本从环境角度看，指由于经济活动造成的自然资源实际恶化有关的成本；从经济角度看，指被经济过程使用的环境资源与环境服务的价值[56]。

联合国国际会计和报告标准政府间专家工作组（ISAR）第15次会议发布的《环境会计和报告的立场公告》，从财务报告信息披露的角度来定义环境成本，考虑了公认会计准则的要求。环境成本是为管理企业活动对环境造成的影响而被要求采取的措施的成本，以及因企业执行环境目标和要求所付出的其他成本[22]。此定义不包括企业因为环境问题而缴纳的各项赔偿金和罚金，从管理会计的角度看，它们应该属于环境成本的定义范围之内。

“改进政府在推动环境管理会计中的作用”专家工作组的第一次会议报告文件将环境成本定义为“与破坏环境和环境保护有关的全部成本，包括外部成本和内部成本”。而环境保护成本指在企业发生的，预防、处置、计划、控制和改变行为、损坏修复等对政府和人民存在影响的成本[57]。此定义把环境成本按其发生的空间范围，分为内部环境成本和外部环境成本，从环境成本控制的角度来讲，企业的利益相关者会向政治家和企业施加压力，要求将外部环境成本内部化。这样企业的一些外部环境成本在政府的强制执行下得以内部化，其他的外部成本内部化则以自愿的方式进行。随着科学证据的收集以及政府对预防原则的采纳，企业利益相关者要求通过绿色税收、企业实施最佳可用技术对生产工序进行控制、政府准许的污染投入和产出或废弃产品数量的控制等方式将外部环境成本内部化的呼声日益高涨。

美国环保局（1996）并未对环境成本做出统一的定义，但是从投资决策的视角，为了给管理当局提供决策有用的信息进而使管理决策更好的关注环境成本，美国环保局对环境成本分为传统成本、隐藏成本、偶发成本和形象与关系成本四类。

荷兰国家统计局（CBS）从宏观会计的角度指出环境成本是为保护环境所发生的成本，是出于防止对企业的环境造成不利影响所采取的环境保护措施[58]。该环境成本的范围比较狭窄，把环境活动能带来的净财务效益和企业主动进行与环境有关的决策活动所取得的核心竞争力等有利的方面排除在外。该定义对企业进行环境保护的技术手段，如末端治理技术和综合治理技术做了区分，为环境成本的确认与环保技术的结合提供了指南[58]。

日本环境省在颁布的《环境会计系统应用的指导准则(2000)》中指出，环境保全是指对企业造成的环境不利影响采取降低环境负荷的一种环境保护活动，包括地球环境的保护、环境公害的预防、自然资源消耗的节约及回收再利用活动等。环境保全成本指企业为环境保全而付出的投资和费用[59]。

2.2.2 国内研究成果

王京芳教授以“产品生命周期”的学术理论为基础，指出企业环境成本是企业为了使所生产的产品在其全生命周期阶段内对环境的影响达到制度要求的标准，所采取的一系列措施而发生的支出，以及这些措施失效时产生损失所付出的一切代价。因此，环境成本可以划分为：获取资源环境成本（原料获取阶段）；制造与加工环境成本（材料制造与加工阶段）；生产环境成本（产品生产阶段）；使用、流通或消费过程环境成本（产品使用、流通或消费阶段）；再生循环环境成本（再生循环阶段）；废弃环境成本（产品废弃阶段）[60]。

王立彦教授认为“生态环境成本是一个同时兼顾宏观和微观的范畴。立足于宏观来讲指的是社会在一定时期内用于生态环境保护和环境损害治理的经济费用。从微观来讲，是指生产单位在其生产经营活动中由于所耗费生态环境因素的价值计量。从宏观和微观对生态环境成本的表达虽有所不同，但本质上是一致的。”并且基于微观领域，对生态环境成本的外延进行了明确，分为4个层面：第一，维护环境支出。即在生态环境未受破坏时所进行的维护活动中发生的支出。第二，预防污染支出。即在污染未发生时所做的预防活动开支。第三，治理环境支出。即指破坏生态环境的事件已发生，要减轻以至消除已发生的危害，治理活动中的经济支出。第四，人为破坏生态环境造成的损失。即指损失已造成，难以得到治理、弥补和恢复。损失意味着资源的耗损和财富的减少[50]。这一定义的界定立足于宏观和微观两个层面，实质上就是把环境成本分为了内部成本和外部成本两类，为环境成本控制及核算作了理论铺垫。

徐玖平教授等从管理会计的角度，从企业可持续发展的要求和对环境高度负责的基础上来定义环境成本。“环境成本指会计主体在可持续发展过程中，由于进行经济活动和其他活动，而引起的自然资源耗减成本、生态资源降级成本以及为管理企业活动对环境造成的影响而采取的防治措施成本”[61]，该定义不但从财务会计角度确认和计量企业内部环境成本，还从环境管理角度以多重计量方式对那些尚不能明确计量的企业外部环境成本进行了反映和确认。

王建明博士认为环境成本是为经济活动而发生的资源价值消耗和补偿，以及为消除经济活动的环境负面影响，维持环境质量和可持续发展而发生的资产的流出和价值的补偿[62]。

肖序教授认为企业与周围环境的关系主要表现为企业的经营活动对环境产生的不同程度的影响（即环境影响），降低环境影响成为企业在可持续发展过程中进行各项经营活动应考虑的一项重要的影响因子。因此，环境成本可以被描述为以货币计量的，为预防、减少和（或）避免环境影响产生或清除这些环境影响等发生的各种耗费[37,59]。该定义指明企业产生环境成本的原因在于降低环境负荷，以满足可持续发展战略的要求。

2.2.3 环境成本界定国内外研究概况

综观国内外观点，可以概括如下：

根据其包含的内容，环境成本可分为广义的环境成本和狭义的环境成本。广义的环境成本除了狭义的环境成本之外，还包括企业耗用自然资源的成本、因为企业污染环境目前由社会负担的成本；狭义的环境成本是企业为恢复和改善环境状况而发生的成本。

根据其发生的空间范围，环境成本可分为内部环境成本和外部环境成本，内外的划分是以企业是否承担发生的费用为标准[63]。内部环境成本指由企业承担（包括那些由于环境方面因素引致发生）并且已经明确是由本企业承担和支付的可用货币计量的费用，例如企业购买环保设备的环保投资、治理环境所发生的费用。而外部环境成本是指那些由本企业经济活动所引起的尚不能明确计量、由于各种原因企业在法律上未承担不良环境后果的费用，如国家对环境污染的治理成本。外部环境成本发生的动因是企业，这部分成本在生产者责任延伸制度下会随着环境法规的完善程度及环境会计标准的可操作程度的不断提高，在一定时期部分地转化为内部环境成本，从而较好地符合会计“配比性原则”，即外部环境成本内部化。环境成本内外界限的划分主要取决于国家环保法规的不断完善和企业环保意识的增强。

结合国内外研究成果，本书对环境成本的内容归纳见表2-2，可以看出，对环境成本进行分类的视角和目的不同，相关的环境成本内容也不同。

表 2-2 环境成本的分类

机构或学者	具体内容	分类的视角	目 的
美国环保局	（1）传统成本； （2）潜在的隐藏成本； （3）或有成本； （4）形象与关系成本	投资决策	为管理当局提供决策有用的信息
加拿大特许会计师协会	（1）环境预防成本； （2）环境维持成本； （3）环境损失成本	成本与收益配比	利于进行环境成本管理的分析决策
日本环境省	（1）生产领域成本； （2）上游、下游成本； （3）管理活动成本； （4）研发成本； （5）社会活动成本； （6）环境损害成本	降低环境负荷	降低企业的环境负荷
王京芳	（1）获取资源环境成本； （2）制造与加工环境成本； （3）生产环境成本； （4）使用、流通或消费过程环境成本； （5）再生循环环境成本； （6）废弃环境成本	环境成本与产品生命周期的联系	降低产品在全部生命周期对环境的影响
王立彦	（1）内部环境成本； （2）外部环境成本	不同的空间范围	企业是环境成本的主体
	（1）弥补已发生的环境损失； （2）维护环境现状； （3）预防将来可能出现的不利环境影响	环境成本的不同功能	揭示环境成本的功能差异
郭晓梅	（1）当前成本； （2）未来成本	环境成本发生的时间	揭示企业过去、现在、未来的经营对环境的影响
徐玖平	（1）资源耗减成本； （2）环境降级成本； （3）资源维护成本； （4）环境保护成本	资源流转平衡	控制环境成本
肖 序	（1）环境保护运行成本； （2）环境管理成本； （3）环境研发成本； （4）环保采购和销售环节成本； （5）环保其他支出	企业经营活动与环境影响的关系	预防、减少和避免企业活动对环境的影响

无论如何界定环境成本，都应将外部环境成本考虑在内，因为从长远来看，外部环境成本最终都要内部化到企业的成本中。一切由企业造成的对环境的影响和破坏，最终将体现在企业的成本费用中。例如，美国已经污染场地的清理成本，在1990~2020年的支出估计就需要7500亿美元，按照美国超级基金法案的精神，这些支出最终都要追溯到由造成污染的企业负担，如果无法证明污染人的存在，则从各企业出资所形成的超级基金中补偿[64]。

可持续发展要求企业在追求利润的同时，必须维护当代人及后代人的利益，承担不良环境保护的责任。因此企业应具有可持续发展的环境成本控制观念，具体表现为企业还应该考虑下面得相关环境成本概念[65]。

社会总成本观念。从社会的角度来看，企业产品成本的构成应该是物质资料的消耗、活劳动的消耗和环境成本的总和，要求企业把外部的环境成本内部化。

边际环境成本观念。边际环境成本是指由于产品产量的变动而引起的环境成本变动。为了控制边际环境成本，企业应将污染物的排放控制在环境的自净能力范围内。

2.3 环境绩效评价标准

实施环境成本控制并非仅是控制环境成本的数额，而是以环境状况的改善促进生产运营和企业的可持续发展。控制环境成本的目的就在于追踪执行过程，评价工作绩效，寻求改进措施，达到预定的生态经济效率目标。因此，评价企业环境成本控制的绩效，就是评价环境因素在企业整体运营过程中的作用效果。企业投入环境成本，目的是为了取得相应的环境效益，这也是企业进行环境成本控制的原动力。为此，国内外对于环境绩效评价标准也在不断完善。

2.3.1 国际环境绩效评价标准

企业对环境成本控制的结果最终会体现于企业环境绩效的增长。大量研究表明，企业的环境业绩与财务业绩之间存在着一定的正相关关系[66]。环境绩效评价“旨在以持续的方式向管理当局提供相关和可验证的信息，以确定企业的环境绩效是否符合管理当局所制定的标准的内部过程和管理工具”[67]。

1989年挪威的Norsk Hydro公司发布了全世界第一份环境发展报告对其环境业绩进行披露。企业环境报告和环境绩效评价标准至今已有近20年的发展。世界各国目前仍然没能形成统一规范的环境绩效评价标准，但是许多国家、国际组织以及联合国有关部门纷纷发布自己的环境报告指南[68]（见表2-3），对环境绩效评价标准作出规定。

表2-3 国外环境报告指南

类　型	发布机构
参考型指南	UNEP（联合国环境规划署，1994） WBCSD（世界可持续发展企业委员会，1994，2000） CICA（加拿大特许会计师协会，1994） ACCA（英国特许注册会计师协会，1997） 日本环境省（环境报告书指南，1997，2001） 日本经济贸易产业省（自愿计划，1992，1995，2001） 日本环境省（环境活动评估规划，1996）
自主标准型指南	CERES（环境责任经济联合体，1989，2000） PERI（公共环境报告行动，1993）
环境管理监察型指南	EMAS（欧盟环境管理和审计计划，1993，1998） ISO 14000（环境管理标准体系，1996） ISO/TC 207世界标准会议（2004）
法规管制型指南	丹麦、挪威、荷兰、瑞典
可持续报告型指南	GRI（全球报告倡议组织，1999，2000，2002）

资料来源：张振华、林逢春[68]。

目前，国际上越来越多的企业和其他组织遵照相关环境报告指南，自愿、定期地在财务报告之外单独披露环境报告，以反映企业在环境保护方面的业绩。环境绩效评价是对企业或其他组织环境绩效进行测量与评估的一种系统程序，包括选择指标、收集和分析数据、依据环境绩效准则进行信息评价、报告和交流，并针对过程本身进行定期评审和改进（ISO 14031，1998）。随着可持续发展理念的深入，企业的利益相关者越来越关注企业对环境受托责任的履行情况，不仅评价企业的经济绩效，还评价其环境绩效和社会绩效；不仅评价企业的财务报告，还评价其非财务报告。根据毕马威国际会计公司（KPMG）的多次调查，全球非财务报告的数量在1993年不足100份，1999年约有1000份，而2005年已经超过2000份，发布非财务报告的主要是跨国公司，在全球财富250强公司中，发布非财务报告的比例1999年为35%，2002年上升到45%，2005年则达到64%。国外企业发布非财务报告的主要目的是应对激进环保组织的责难，为此国际社会对企业环境绩效的评价标准也在不断拓展和完善[69]。

2.3.1.1　加拿大特许会计师协会及其《环境绩效报告》

在环境会计领域，加拿大的研究比较先进，其中主要是加拿大特许会计师协会（CICA）的研究报告和该组织所做的一系列工作。加拿大特许会计师协会在《环境绩效报告》中，列示出了不同行业的环境业绩指标。该报告列举了资源、公用事业、大型制造业、小型制造业、零售业、交通业和其他服务业共7种行业、15个方面的环境绩效指标[3,132]；内容涉及对野生动植物的保护，对土地的破坏和恢复，采掘、使用再生资源，污染预防，固体废物的管理，危险废物的管理，能源的保护，空气方案，水方案，自我监控方案，对环境负责的产品与服务、科技的创新，员工对环境问题的认识，法律法规的遵守情况，与利益相关者的沟通情况，环境绩效的分析等方面[3,132]。加拿大特许会计师协会的环境绩效指标成为企业进行环境绩效评价的参考指标，该指标体系的制定主要考虑企业外部利益相关者的信息需求，不一定完全适用于企业环境管理的需要，因此企业可以结合自身的实际情况有重点地进行选择[70]。

2.3.1.2 ISO 14031 环境绩效评价标准

国际标准化组织（ISO）自 1994 年后陆续制定了一些有关环境绩效评价的国际标准，并于 1999 年 11 月完成 ISO 14031（环境绩效评价标准）正式公告，为组织内部实施环境绩效审核提供指南。ISO 14031 标准考虑到组织不同的地域、环境和技术条件，提供了“环境绩效指标库”。环境绩效评价指标（Environmental Performance Indicators，EPIs）可分为组织周边的环境状态指标和组织内部的环境绩效评价指标，后者可再细分为管理绩效指标和操作绩效指标[71]。

（1）环境状态指标（Environmental Condition Indicators，ECIs）。环境状态指标可以提供组织周边的环境状况，反映组织对当地、区域性、全国性和全球性的环境状况的影响。这项指标可以帮助组织了解在其环境因素中可能对周边环境的潜在影响，有助于环境绩效评价的规划与实施。这类指标通常在公共机构中采用，除非企业是对当地环境造成影响的主要污染源，否则很少在个别企业中采用。环境状态指标的设置通常是地方、区域、国家或国际性政府机构、非政府组织和科学研究团体的职责，而非一个单独组织的职责。

（2）管理绩效指标（Management Performance Indicators，MPIs）。管理绩效指标可提供组织的管理当局在环境管理方面所做的努力，以及为改善环境绩效所采取的决策与行动。该指标有助于评估组织的环境管理效能，它主要表现在环境守法、环境内部管理、外部沟通、安全卫生等方面。

(3) 操作绩效指标 (Operational Performance Indicators, OPIs)。操作绩效指标指组织在操作层面上的环境绩效。包括企业从资源能源输入、经内部生产工序转移变化到最终废弃物和污染物排出的整个操作过程。操作绩效指标主要和以下项目有关：企业厂场设施的设计和运营；与企业厂场设施有关的材料、能源、废弃物、排放物；向企业的厂场设施提供的材料、能源和服务与从厂场设施产生的产品、服务和废弃物。

ISO 14031 指标体系为面临不同环境问题的企业提供了进行环境业绩评价的综合框架，并为指标的获取和加工计算提供了指南，有利于企业在此框架下结合自身实际建立环境绩效评价体系。对于已经或准备按 ISO 14000 的要求建立环境管理体系的企业而言，以 ISO 14031 指标体系为框架，根据自身情况建立环境绩效评价标准比较可行。但是该指标体系也有不足之处，即较少考虑企业与外部利益关系人之间的联系以及环境管理与企业可持续经营目标之间的联系，同时，该指标体系因不直接反映企业的经济效益，不能很好地调动企业进行环境管理的积极性。

2.3.1.3 世界可持续发展企业委员会生态效益评价标准

2000 年 8 月，世界可持续发展企业委员会 (WBCSD) 提出主要用于企业环境绩效评估的生态效益评估标准，使企业的利益相关者对企业进行环境绩效评价[72]。WBCSD 指出企业要获得生态效率需要提供竞争性的产品和服务，满足人类的需求并提高生活质量，逐步将产品寿命周期中对资源的利用和对生态的影响，减少到与地球预计的承载能力相一致的水平。

生态效益 = 产品或服务的价值/环境影响

生态效益指标将环境指标与财务指标相结合，要求企业以较少的环境影响实现较大的价值，最终实现可持续发展。产品或服务的价值可表示成产能、产量、总营业额、获利率等。环境影响可表示成总耗能、总耗原料量、总耗水、温室效应气体排放总量等。生态效益可用企业的资源生产力表示，如每单位耗水量（每单位耗能、每单位二氧化碳排放量、每单位原料）的产量（营业额、获利率等）。

WBCSD 将生态效益指标架构分为三类，每一类又分为相关的计量内容（见表2-4）。

表 2-4 WBCSD 生态效率指标的类别与计量内容

类　别	计量内容
产品或服务的价值	数量、金额和功能
创造产品或服务的过程中对环境的影响	能源消耗、材料消耗、自然资源消耗、除产品以外的其他产出、意外事故
产品或服务的使用过程中对环境的影响	产品的特性、包装中产生的废物、能源消耗、使用或废弃时产生的排放物、固体废弃物的公斤数

为便于企业根据实际情况构建生态效率指标框架，WBCSD 将指标分为核心指标和辅助指标。核心指标与全球的环境问题或企业的价值有关，几乎适用于所有企业，其计量方法已经得到公认，如销售净额、温室效应气体的排放量等。不同性质的企业因产品和生产流程不同而存在不同的环境问题和价值，此时，运用辅助指标评价企业的环境绩效就很重要，WBCSD 指出特定企业可利用 ISO 14031 的指南协助选择具有参考价值的辅助指标。利用生态效益指标进行环境绩效评价能展现公司环境绩效与财务绩效之间的关系，利于管理层做出正确决策。通用指标和企业特定指标的划分，不仅使不同行业间环境绩效的比较

具有可操作性，也完善了环境绩效评价的方法体系。

2.3.1.4 全球报告倡议组织及其《可持续发展报告指南》

为了提高全球范围内可持续发展报告的可比性和可信度，1997年美国的一个非政府组织——环境责任经济联合体（CERES）和联合国环境规划署（UNEP）共同发起成立了全球报告倡议组织（Global Reporting Initiative，GRI），2002年GRI成为独立的国际组织并以UNEP官方合作中心的身份，成为联合国成员。GRI的主要任务是制定、推广和传播全球应用的《可持续发展报告指南》（简称《指南》），为全世界的可持续发展报告提供一个共同框架，目的是促使企业披露经济、环境和社会这三重底线业绩的信息成为像披露财务信息一样的惯例，这项行动得到国际组织的大力支持。GRI于2000年发布了第一版《指南》，2002年又发布了修订后的《指南》（2002版）。可持续发展报告的核心是绩效指标，《指南》建立的绩效指标体系包括经济、环境和社会三个方面，每一方面《指南》都确定了核心指标和附加指标。核心指标对于大多数组织及其利益相关者有关，附加指标则要求报告单位只向重要的利益相关者提供相关信息。在业绩指标的披露方面，GRI指出，报告者应采用国际公认的度量衡制度，结合使用定量指标和定性指标、绝对数据和比率数据（规范化数据），恰当地对数据进行合并和分解，必要时可以适当使用图表和摘要进行说明[73]。

GRI制定的环境指标体系反映组织对有生命或无生命的自然系统的影响，包括对生态系统、土地、空气和水等方面的影响，共有16个核心指标和19个附加指标。这些环境指标包括组织使用的材料、能源和水，对生物多样性的影响，产生的温室气体与其他废气、废水和废物，对有害材料的使用，产品回收、污染防治、减废和其他环境管理项目，环境费用，违规的罚款和处罚等。《指南》鼓励报告者将其环境业绩与更广泛的生态系统联系起来，如将企业的排污量与当地的、区域的或全球的环境承受能力相联系。《指南》尝试根据组织外部制定的标准，使组织自愿报告数据来解决行业内数据的兼容性问题，但其标准仍然根据物理环境标准指标来制定[74]。

目前 GRI 及其《指南》已经产生了巨大的国际影响，曾得到联合国秘书长安南、英国首相布莱尔、WBCSD、OECD 的“可持续发展与环境和多国企业指南工作室”、国际著名跨国公司（杜邦公司、宝马公司、荷兰皇家壳牌集团等）与媒体（如《金融时代》、《华盛顿邮报》）的高度评价[69]。根据联合国环境规划署（UNEP）和标准普尔（Standard & Poor's）于 2004 年联合进行的调查和评分，全球非财务报告得分在前 100 名的，有 92 份非财务报告依据 GRI《指南》框架编制。截至 2005 年底，已经有 750 家企业在 GRI《指南》的框架下编制可持续发展报告[75]。

值得提及的是，联合国国际会计和报告标准政府间专家工作组（ISAR）对环境绩效评价问题也进行了卓有成效的研究。ISAR 于 1991 年公布了披露环境信息的第一份指南，1998 年根据新出现的问题对原指南做了修订，确定了 8 个关键性的环境绩效指标，如环境影响最终指标、潜在环境影响的风险指标、排放物和废弃物指标、投入指标、资源耗费指标、与环境相关的资本性支出和运营成本等财务指标。以后 ISAR 相继发布了《环境会计和报告的立场公告》和《实现环境业绩与财务业绩指标的结合》等国际指南，促进了各国对环境绩效的研究。

2.3.2 国内环境绩效评价标准

目前，我国国家环境保护部是国内环境绩效评价标准的主要制定部门。针对具有独立法人资格的所有工业企业的环境绩效评价问题，国家环境保护部于2003年5月颁布了环发[2003]92号文件《关于开展创建国家环境友好企业活动的通知》，文件对“国家环境友好企业”指标的解释，可以作为企业环境绩效评价的依据。具体的环保绩效评价指标包括：

环境指标：(1) 企业排放污染物达到国家或地方规定的排放标准，并且污染物排放总量指标达标率为100%；(2) 企业单位产品综合能耗达到国内同行业领先水平，单位产品综合能耗＝能源消耗量（千克标准煤）/生产出1t某产品（t）；(3) 单位产品水耗达到国内同行业领先水平，单位产品水耗＝耗水量（t）/生产出1t某产品（t）；(4) 单位工业产值主要污染物（指COD、氨氮、石油类、重金属，SO_2、烟尘、粉尘，以及行业特征污染物）排放量达到国内同行业领先水平，单位工业产值主要污染物排放量＝主要污染物排放量（t）/万元工业产值（万元）；(5) 企业废物综合利用率达到国内同行业领先水平，企业废物综合利用率＝报告期内企业综合利用的废物量/报告期内企业废物产生量；(6) 企业建立完善的环境管理体系，如企业已获得ISO 14001环境管理体系认证，或参照ISO 14001环境管理体系标准建立了完善的环境管理体系。

管理指标：(1) 企业自觉实施清洁生产，采用先进的清洁生产工艺；(2) 企业新、改、扩建项目“环境影响评价”和“三同时”制度执行率达到100%，并经环保部门验收合格；(3) 企业环保设施运转率达到95%以上，环保设施运转率＝环保设施正常运转天数/（365－环保设施正常停转天数）；(4) 企业固体废物和危险废物处置率达到100%，企业固体废物和危险废物处置率＝报告期内固体和危险废物处置量/报告期内固体和危险废物产生量；(5) 厂区清洁优美，主厂区内绿化覆盖率达35%以上；(6) 企业排污口符合规范化整治要求，主要排污口按规定安装主要污染物在线监控装置并保证正常运行；(7) 企业依法进行排污申报登记，领取排污许可证；（8）企业按规定缴纳排污费；（9）企业三年内无重复环境信访案件，无环境污染事故；（10）环境管理纳入企业标准化管理工作，企业周围居民和企业员工对企业环保工作满意率达90%以上，企业自愿继续削减污染物排放量。

产品指标：（1）产品及其生产过程中不得含有或使用国家法律、法规、标准中禁用的物质；（2）产品及其生产过程中不得含有或使用我国签署的国际公约中禁用的物质；（3）产品安全、卫生和质量要求应符合国家、行业或企业相关标准的要求。

为督促重污染行业上市企业严格执行国家环境保护法律法规和政策，国家环境保护部2003年6月颁布环发［2003］101号文件《关于对申请上市的企业和申请再融资的上市企业进行环境保护核查的规定》，对重污染行业申请上市的企业和申请再融资的上市企业将再融资募集资金投资于重污染行业，核查其环保指标是否达标。为进一步规范跨省从事重污染行业申请上市或再融资公司的环保核查工作，2007年8月国家环境保护部在环发［2003］101号文件的基础上，发表环办［2007］105号文件《关于进一步规范重污染行业生产经营公司申请上市或再融资环境保护核查工作的通知》，对于从事火力发电、钢铁、水泥、电解铝行业的公司和跨省从事其他重污染行业生产经营公司的环保核查工作，由国家环境保护部统一组织开展，并向中国证券监督管理委员会出具核查意见。需核查企业的范围暂定为：申请环保核查公司的分公司、全资子公司和控股子公司下辖的从事重污染行业生产经营的企业和利用募集资金从事重污染行业的生产经营企业。依据这两个文件规定，相关的环保绩效评价指标都包括在上述环发［2003］92号文件规定的指标体系中。这两个文件根据中国证监会对上市公司环境保护核查的相关规定而制定，规定了重污染行业上市企业必须遵循的环保条款。

为促进公众监督企业影响环境的行为，国家环境保护部2003年9月制定了关于企业环境信息公开的环发［2003］156号文件《关于企业环境信息公开的公告》，主要就企业关于环境信息公开的范围，必须公开的环境信息，自愿公开的环境信息，环境信息公开的方式等作出规定。156号文件规定的信息公开范围包含了101号文件的守法性内容，该公告对企业环境信息的披露要求兼具强制性与自愿性相结合的性质。

2.3.3 环境绩效评价标准国内外研究简述

国内外环境绩效评价标准为合理评价企业的环境绩效提供了依据。随着全球对生态环境保护关注程度的提高，社会各界要求企业承担社会责任的呼声加大。企业如果只考虑自身的眼前经济效益，忽视社会的长期利益，不加强环境保护，最终将被淘汰。我国企业应站在战略的高度，重视环境管理，主动披露企业环境信息与绩效，甚至披露范围更广泛的反映可持续发展的“三重底线”（Triple Botton Line）[1] 业绩的信息，以满足自身和利益相关者的要求。

2.4 生产者责任延伸制度

尽管近年来环境成本控制问题已受到越来越多的企业和学者的关注，但是，由于长期以来管理者对环境成本的忽视，大多数企业尚缺少控制环境成本的客观条件和动力。因此，为促

---

[1] 为了综合计量和报告企业在经济、环境和社会3个方面的业绩，英国著名管理咨询公司Sustain Ability的总裁John Elkington在1994年提出了三重底线（Triple Botton Line）的概念，目前在国际上已十分流行。

使企业更好的控制环境成本，缓解对环境造成的巨大压力，需要有相关的制度来保证，近年来由环境经济学家们提出的生产者责任延伸（EPR）制度正好可以弥补该方面的缺陷。

生产者责任延伸制度，是以现代环境管理原则实现产品生命周期系统环境性能改善的一种主要制度，它要求生产者不仅要对生产过程中产生的环境污染负责，而且要对产品在整个生命周期内的环境影响负责，从而实现资源的循环利用和环境保护的目的。由此可见，EPR 制度将迫使企业更主动或被动地控制环境成本，从而实现可持续发展目标。

2.4.1 生产者责任延伸制度的内涵

世界经济合作与发展组织（OECD）对 EPR 制度的研究成果卓著。2001 年 OECD 在报告《Extended Producer Responsibility：a Guidance Manual for Governments》（《EPR：政府工作指引》）[76]中，将 EPR 界定为一项环境政策，系统介绍了 EPR 制度的具体内容，作为其他国家实施 EPR 制度的参考手册；2004 年 OECD 在研究报告《Economic Aspects of Extended Producer Responsibility》（《EPR 经济分析》）[77]中指出 EPR 制度的目标、EPR 制度的实践以及 EPR 制度的技术创新；Wilmshurst 和 Newson（1996）对包装法规进行了研究[78]；OECD 工作组（1999）简单比较分析了 EPR 制度中的两种付费方式（前付、后付）的不同[76]；Kunt F. Kroepelien（2000）阐述了欧洲国家实施的 EPR 制度，主要就其概念背景等内容进行了论述[79]；Reid and Thomas（2002）指出各国应该信任 EPR 制度，在采用该制度时各国应根据本国的具体实际进行相关论证[80]；Alice and Roland（2004）对欧洲应如何制定相关的 EPR 制度进行分析[81]；2004 年澳大利亚环境组织（Australian Department of Environment）就 EPR 制度的内容及澳洲能否实行 EPR 的可行性进行了论证，最后得出能在澳洲西部实施 EPR 制度的结论[82]。

近年来国内的一系列学术会议也就生产者责任延伸制度进行了探讨。2004 年 4 月我国召开了“全国生产者责任延伸制度行业标准制定及电子废弃物资源化与综合利用技术政策研讨会”，与会者对我国的生产者责任延伸制度构建进行了专门讨论。2004 年绿色和平组织（Green Peace）与中国环境科学学会联合举办的电子废物与生产者责任国际研讨会，就电子废物管理中实施生产者责任延伸制度进行了专门讨论，形成了《2004 年电子废物与生产者责任国际研讨会论文集》。2005 年 8 月，全国人大环境与资源保护委员会法案室、中国法学会环境资源法学研究会主办，江西理工大学承办的 2005 年全国环境资源法学研讨会在讨论循环经济立法所涉及的热点问题时也就生产者责任延伸制度进行了探讨。2006 年，在全国人大环资委就《循环经济法》草案稿所组织的论证会上，与会者也就生产者责任延伸制度进行了研讨。

随着国内对生产者责任延伸制度研究领域的加大，生产者责任延伸制度的内容和相关理论也不断体现在我国有关的法律法规之中，如 2005 年修订后的《固体废物污染环境防治法》对生产者的延伸责任作了进一步规定，明确规定了生产者对固体废物中的废弃产品的源头预防责任与废弃产品回收、处置与循环利用责任。《清洁生产促进法》（2002）对生产者的源头预防责任，产品环境信息披露责任，废弃产品回收、处置与循环利用责任都做了规定。该法还规定了相应的法律责任以强制生产者承担法定的延伸责任。《废旧家电及电子产品回收处理管理条例》（征求意见稿 2004），明确规定了生产者对废旧家电及电子产品的源头预防责任、产品环境信息披露责任与废弃产品回收、处置与循环利用的责任，还规定了相应的法律责任以强制生产者承担法定的延伸责任。《再生资源回收管理办法》（2007）重在对再生资源回收行业实施管理以及对再生资源回收经营者的再生资源回收行为实施规范。《循环经济促进法》（2009）进一步规范了生产者承担的延伸责任的内容。

生产者责任延伸制度可以理解为国家为了应对废弃产品问题所制定或认可的，用以引导、促进与强制生产者承担延伸责任或义务的一系列法律规范。

2.4.2 生产者责任延伸制度下环境成本控制的实践

在生产者责任延伸（EPR）制度的约束下，企业需要对环境成本进行控制，已有的文献多为某些国家在 EPR 制度下对特种产品实施控制，防止产品因环境污染而引发的环境成本。Lee 等人（1998）介绍了中国台湾运用 EPR 对容器、包装物等物品进行回收[83]；Bette K. Fishbein（2000）论述美国运用 EPR 制度应用于地毯的回收而取得成功的案例[84]；Yamaguchi（2002）[85]介绍了 EPR 在日本的具体应用；Thomas（2003）阐述了瑞典将 EPR 应用于废弃电子电器产品（WEEE）的回收[86]；Ronald J. Driedger（2002）论述加拿大的“British Columbia”省份运用 EPR 制度成功地将杀虫剂等危险废物进行了回收[87]；Jennifer MaCracken 和 Victor Bell（2004）论述了 EPR 对商业活动的影响，进而介绍减少成本的具体策略[88]；Gonzalez Torre 等人（2004）论述了欧洲政府对废弃的包装物、瓶子等的环境政策[89]；Forslind（2005）指出瑞典政府应用 EPR 制度回收废旧汽车[90]；Naoko（2004）阐述了日本和欧洲政府运用 EPR 制度将电子产品进行回收[91]。孙亚锋、韦家旭（2002）介绍了日本政府延伸了生产者的责任[92]；童昕（2003）阐述 EPR 制度在电子废物管理中的运用[93]；唐家富、张志强（2003）探讨 EPR 制度在废物管理中的应用现状[94]；滕吉艳、林逢春（2004）对发达国家和地区的电子废物立法及实施效果进行了比较研究[95]；普智晓、李霞（2004）介绍了生产者责任延伸的概念以及欧盟、美国等国家的实行现状[96]。上述研究成果表明，很多发达国家和发展中国家将EPR制度应用于环境成本控制的实践中。

总之，从已有的文献来看，近年来对生产者责任延伸制度和环境成本控制问题的研究，已经受到越来越多的国内外学者的重视，但是学者们多是单独对这两个问题进行研究，没有很好地将两者结合起来。对于生产者责任延伸（EPR）制度的内容，都是侧重于从政府的角度来阐述政府是否应该制定、如何制定及如何实施EPR制度的问题，而没有从企业的角度来论证如果实施EPR制度，企业将如何应对的问题。对于环境会计和环境成本控制问题，目前国内虽然取得了一定的成果，但是其研究还比较分散，而且在环境成本的研究领域，我国学者多借鉴国外的研究成果，对环境成本创新性的研究较少，这一方面给本研究的研究增加了难度，同时也给本研究的研究提供了广阔的平台。

3 企业环境成本控制相关的理论基础

环境成本控制是对企业相关的环境成本有组织、有计划地进行预测、决策、控制、核算、分析和考核等一系列的科学管理工作。其目标是通过成本控制行为的实施来提高环境效益，并实现企业经济效益和环境效益的最佳结合[46]。与传统成本控制相比，环境成本控制有以下基本特征：第一，将传统成本控制中涉及环境问题的成本纳入企业的经营成本，避免企业利润的虚增，促使企业对环境负责。第二，新型的环境成本控制系统有利于企业改进产品设计便于环境成本的控制。第三，确认和寻找减轻传统成本控制中对环境产生负面影响的会计理论和实务，使企业能够有章可循。第四，提供新的成本信息，满足内部和外部的决策需要。第五，促使企业保护环境，提高环境绩效，遵守环境标准。

企业环境成本控制的理论基础，指对构建企业环境成本控制体系起着支撑作用和指导作用的理论。

3.1 可持续发展理论

3.1.1 可持续发展理论是企业控制环境成本的理论与实践基础

1980 年国际自然保护同盟提出可持续发展一词，虽然它是全新的概念，但是它的思想却历史悠久。老子曰：“绵绵若存，用之不勤”，主张人对世间万物的使用都不能过度，须细水长流。奉行中庸之道的孔家儒学，并不赞成通过掠夺自然资源来增加财富并享受，信仰“天人合一”、人与自然和谐相处。在经济学领域，关于自然资源短缺的理论在古典经济学中占有重要的地位。马尔萨斯的人口与自然资源的理论对现代环保思想和可持续发展概念有重大影响[97]。

可持续发展概念的正式形成是在世界环境和发展委员会（WCED）1987 年的布伦特兰报告《我们共同的未来》中，在这份报告中，可持续发展被定义为：“在不对后代人满足其自身需求的能力构成危害的前提下满足当代人需求的发展”，其实质强调人类经济活动要与自然环境协调。可持续发展的含义包括了经济发展、社会发展和保持良好的生态环境 3 个方面，因为环境的负外部性会在代际间传承，在发展经济的同时，若不注重对环境的保护，必将会把环境恶化的苦果交由后代品尝，其生存环境也将面临严峻的挑战。可持续发展观点包括了公平、未来等概念，从而对环境管理与环境保护产生了影响。

从经济、环境和社会角度出发，可持续发展包括以下内容：

（1）可持续发展要求实现以减少经济活动造成的环境压力的经济增长方式。

（2）可持续发展要求经济活动以自然资产和环境承载力为基础，降低资源消耗速率，提高资源再生速率，减少环境污染。

（3）可持续发展要求在资源和环境的使用和配置方面体现“代内公平”和“代际公平”原则。代内公平包括不同阶层、不同国家、不同地区之间的公平，如果一个社会中贫困人数占有很大的比重，人们就会更多的关心当前的生存而忽视环境资源的保护，即社会贴现率很高，导致掠夺性开发和短期行为，可见贫困制约着可持续发展。同样，如果一个国家对环境资源过度消耗，实际上是对其他国家的不公平，本质上是剥夺其他国家的环境权益，如果当代人之间缺乏公平，那么可持续发展是不可能的。代际公平的含义为保证我们能确保的平均生活质量能被未来世代分享，代际公平在质量上要求环境和自然资源不会发生代际的退化，若已经发生退化的应得到有效治理，代际公平在数量上应保证那些重要的自然资源（如土地、矿产、能源和水资源）在代际分配的公平。布伦特兰报告中的可持续发展的定义特别强调代际公平的观点。

(4) 可持续发展要求体现环境资源的价值。

(5) 可持续发展最终要以提高生活质量，促进社会进步为目标，实现全社会持续健康发展。

可持续发展理论是在环境与发展理论的不断更新中逐步形成的，可持续发展强调了经济发展和环境的协调性，是对传统发展模式反思的结果[98]。

可持续发展战略促使企业关注对环境成本的控制。常规的国民经济核算体系（SNA）未能考虑环境因素的核算，导致了收益的虚增，它有两个常见的主要缺陷[99]：忽视了危及经济的持续生产能力的新的自然资源匮乏；忽视了环境质量的下降，这将影响人类的健康和福利。在人类追求可持续发展的今天，单纯追求经济系统的单一核算已经不能满足人类发展的需要，必须将经济系统与环境系统结合起来进行核算，以体现人类经济活动对资源环境的使用和对资源活动的影响。站在可持续发展的战略高度来审视企业的环境行为与环保活动，企业如果把成本控制的范围扩展到环境领域，在供应、生产、销售活动中自觉将环境因素考虑进去，不但能改善企业形象，赢得产业竞争优势，还能合理有效配置社会资源，促进社会经济的可持续发展。企业通过环境成本控制可以获取诸多竞争优势因素（如图 3-1 所示）。可持续发展规定了会计主体进行正常经济活动的空间范围，尽管经济活动存在着许多的不确定性，但会计进行核算和监督的正常程序和方法都应当立足于可持续发展。因此，可持续发展理论是企业控制环境成本的理论和实践基础。

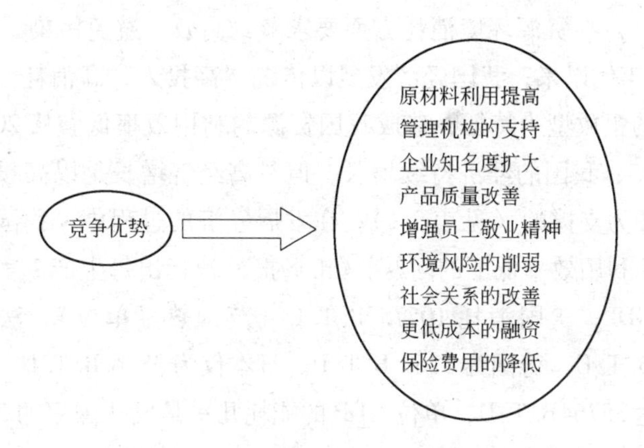

图 3-1 企业环境成本管理可以获得的竞争优势

3.1.2 可持续发展理论蕴涵着企业的环境责任

我国在制定的“十一五”规划纲要中，将建设低投入、高产出，低消耗、少排放，能循环、可持续的国民经济体系和资源节约型、环境友好型社会列为基本国策，通过发展循环经济、保护修复自然生态、加大环境保护力度、强化资源管理等途径落实这一基本国策。温家宝总理在 2005 年国家科技奖励大会上的讲话中，谈到解决我国经济社会发展的突出问题时，提出了“三重转变”的指导方针：实现经济增长方式由粗放经营向集约经营的转变、实现从资源消耗型经济向资源节约型经济的转变、实现以生态环境为代价的增长向人与自然和谐相处的增长转变[100]。目前，人们对自身赖以生存的环境和资源问题非常关注，意识到环境问题的实质是经济问题，肯定了企业是环境污染的最主要源头。在国家系列环保法律法规的约束下，企业应该承担环境保护的主要责任，为可持续发展战略的实现发挥积极作用。

在可持续发展战略下，企业面临的环境责任为：

（1）在资源环境消耗方面要求节约高效，避免污染。20 世纪 80 年代以来，我国经济发展以传统“高投入、高消耗、高污染”的粗放型为特征，造成我国资源的利用效率低。从 2000 ~ 2005 年，我国的经济持续增长，但是高经济增长是以高投入和高消费为支撑的（见表 3-1）；在发展经济的过程中，我国还存在资源利用效率低下的问题。《市场报》曾指出每生产 1 美元价值的 GDP，美国消耗 10575 B. T. U（英国热量单位）、法国为 5998 B. T. U、德国为 5269 B. T. U、日本仅为 3876 B. T. U，我国却高达 35764B. T. U，单位 GDP 的能耗几乎是发达国家的 3 ~ 10 倍[101]。世界银行的统计（见表 3-2）也表明，我国单位能源生产 GDP 的能力，虽高于世界平均水平，但是相比其他国家，显然还处于落后地位。

表 3-1　平均每万元 GDP 总值的能源消耗

年　份	2000	2001	2002	2003	2004	2005
每万元 GDP 的能源消耗总量 /吨（标煤）· 万元$^{-1}$	1. 40	1. 33	1. 30	1. 36	1. 43	1. 43
每万元 GDP 的电力消耗总量 /kW · h · 万元$^{-1}$	0. 14 $\times 10^4$	0. 14 $\times 10^4$	0. 14 $\times 10^4$	0. 15 $\times 10^4$	0. 15 $\times 10^4$	0. 16 $\times 10^4$
每万元 GDP 的煤炭消耗总量 /t · 万元$^{-1}$	1. 33	1. 26	1. 21	1. 31	1. 36	1. 38

资料来源：中国资讯行 China infobank 数据库，http://www. bjinfobank. com，2008. 3. 18。

表 3-2　中外能源利用效率比较

国家和地区	单位能源生产的 GDP（美元/千克标油）				
	1990 年	1995 年	2000 年	2001 年	2002 年
世　界	3.54	4.00	4.06	4.15	4.21
中　国	2.06	3.05	4.23	4.57	4.56
中国香港	10.62	10.50	11.12	10.44	10.58
日　本	6.44	6.18	6.32	6.38	6.36
孟加拉国	10.07	9.78	10.86	10.48	10.54
菲律宾	9.06	7.52	7.20	7.58	7.64
巴　西	7.17	7.15	6.75	6.85	6.85
英　国	5.52	5.64	6.29	6.29	6.57
意大利	8.11	8.20	8.38	8.47	8.50
德　国	4.9	5.73	6.24	6.11	6.23

资料来源：《国际统计年鉴》，中国统计出版社，2005 年版，262。

企业作为国民经济的细胞，既是物质产品的创造者，又是经济资源的主要消耗者和大多数污染物的直接排放者，企业的行为在资源节约型、环境友好型社会建设中起着关键作用。在经济生活中，要实现有限资源的合理有效利用，避免环境污染，需要企业的主动参与。在资源环境问题上，企业同时承担着避免污染、节约资源的双重任务。我国要从根源上解决环境问题，就需要从企业层面着手，控制资源消耗，减少环境污染。

（2）在生产经营活动中要求实施环境管理。在可持续发展战略下，为实现资源节约和控制污染的环保成效，企业应该在生产经营活动中实施环境管理，以生态平衡原则规范企业的生产经营活动，将自然环境作为一种潜在的生产力加以保护，从而实现企业经济效益、环境效益和社会效益的共赢。企业的环境政策、环保理念、绿色采购、产品生态设计、清洁生产、绿色营销等这些生态的生产经营理念的实施，最终能提升企业的竞争能力，实现企业的可持续经营。

(3) 建立环境会计制度，实施环境成本核算与控制。环境会计是围绕自然资源的耗费应如何补偿这一主题，运用会计学的理论与方法，采用多元化的计量手段和属性，对各会计主体的环境管理系统以及经济活动对环境的影响进行确认、计量和报告的一门新兴学科[102]。环境会计在世界范围内尚属新的学科领域，联合国国际会计和报告标准政府间专家工作小组（ISAR，2003）指出企业披露环境成本和环境负债等相关环境会计信息，对于清晰反映并揭示企业报表项目是很重要的，我国企业只有建立环境会计制度，实施环境成本核算与控制才能与时俱进，与国际接轨。

3.1.3 可持续发展理论的制度安排

可持续发展的重要性已逐渐为人们所认识，为有效解决自然资源耗竭、环境污染和生态破坏等问题就必须根据人类与环境发展的历史阶段选择合适的制度安排来规范人们的行为，通过制度的激励和约束来提高环境问题解决的效果[103]。

3.1.3.1 强制性的制度安排

在可持续发展的制度框架中，强制性的制度安排是主体，是确保可持续发展实现的最低层次的制度安排，主要包括：完善自然资源的产权认定制度；建立环境要素市场交易制度；完善资源环境定价制度；以可持续发展的法律法规体系约束推进经济进步；建立资源补偿制度；完善环境税收制度。

3.1.3.2 非强制性制度安排

非强制性的制度安排是通过伦理道德的软约束，激发人们内心理念来实施一定的经济行为，从而达到一定的目标。非强制性的制度安排包括：建立持续发展的伦理观，以此调节人类经济活动，协调人与自然、人与人之间的关系；建立可持续发展的自然观，达到人与自然环境和谐相处的“天人合一”境界。非强制性制度安排是解决环境问题制度安排的最高境界。

3.2 外部性理论

外部性概念最早由英国剑桥大学的马歇尔（Marshell）和庇古（Pigou）在20世纪初提出，作为福利经济学的创始人，庇古对外部性更为注重，因而外部性理论也称为庇古理论。庇古的研究发现在商品生产过程中存在着社会边际成本与私人边际成本的不一致，两种成本之间的差距就构成了外部性。

外部性是指一个经济主体的行为对另一个经济主体的福利所产生的影响，并且这种影响没有通过市场价格反映出来。帕累托最优要求社会边际净收益等于私人边际净收益，外部性的存在使社会边际净收益与私人边际净收益存在差异，资源配置效率不能达到最优[6,51~60]。更进一步讲，外部性问题是指一些人的经济活动给另一些人带来了外部效应，这种外部效应无法运用市场机制来调整。当某个人的效用函数的自变量中包含了他人的行为就可视为外部性问题，可以用函数表示为：

$$F_j = F_j(X_{1j}, X_{2j}, \cdots, X_{nj}; X_{mk}), \ j \neq k \tag{2-1}$$

这里，$X_i(i=1, 2, \cdots, n, m)$ 是指经济活动，j 和 k 指不同的个人或厂商。

该函数表示，只要第 j 个人的福利受到他自己所控制的经济活动的影响，同时也受到第 k 个人所控制的某一经济活动 X_{mk} 的影响，就存在外部性问题[104]。

外部性问题可以分为两大类、四种表现形式：一类是外部不经济（负外部性），其特征是引起他人效用的降低或成本的增加，它意味着某一经济主体支付代价而提高了另一经济主体的支出。外部不经济表现为两种形式：一是生产上的外部不经济，如工业生产过程中排放的废水废气污染农田，使农场主受损；二是消费上的外部不经济，如消费、使用或处置商品的过度包装时污染环境的行为。另一类是外部经济（正外部性），其特征是引起他人效用的增加或成本的降低，它意味着某一经济主体支付成本而提高了另一经济主体的收益。外部经济表现为两种形式：一是生产上的外部经济，如自己种树别人乘凉；二是消费上的外部经济，如人们购买、消费适量包装、绿色包装的商品，就会对保护资源和环境产生积极效应。当存在负外部性时，私人活动带来了外部成本，但是这部分成本却没有反映在私人成本中；当存在正外部性时，私人活动带来了外部效益，但是这部分效益却没有反映在私人效益中。外部性是在市场之外产生的，并没有反映在商品的价格中，使私人效益与社会效益、私人成本与社会成本不一致，最终导致市场没有反映商品的真实价格。外部性的存在，使市场失灵，即市场未能起到使社会福利最大化的作用，导致社会资源没有得到有效的配置。

3.2.1 环境问题源于外部不经济性

经济学将大家共同享用的东西称为公共物品，纯粹的公共物品具有消费的非排他性和非竞争性。按照萨缪尔森的阐述，消费的非排他性具有 3 个方面的含义：公共物品在技术上不易排除众多的收益人；公共物品具有不可拒绝性；虽然在技术上可以实现排他性原则，但是排他的成本极高。消费的非竞争性，指一个人的消费不会减少其他人的消费数量，或许多人可以同时消费同一种物品[105]。这两个特征基本上都是从公共物品具有的经济技术特点的角度来界定社会公共物品，已经成为人们判断什么是公共物品的主要标准[106]。

环境是典型的公共物品，人们往往更愿意消费优美的环境，而不愿承担为保持环境优美所需付出的支出。当大家都把环境作为公共物品可以自由获取的时候，环境资源就会枯竭、污染、毁灭，生物学家加勒特·哈丁（Garret Haedin，1968）所描述的“公地的悲剧”就不可避免地发生，哈丁指出：“公地的自由毁掉了一切”，意味着由于未对利用公地资源收取租金而导致了资源配置的严重不当和滥用。可见公共物品的自由享用促使人们尽可能地将公共资源转为私有财富，或通过滥用公共资源获得个人的效用或便利，从而使全体成员的长远利益遭到损害或毁灭，在经济学中这种现象称为公地现象或公地的悲剧，它可归于外部不经济性范畴，外部不经济性存在于任何社会，在我国尤甚，由此造成的环境恶果也尤为严重，从一定意义上说，我国环境严重退化的矛盾主要就是由广泛存在的公地现象引起的，如松花江支流、珠江水域的污染问题。

对于环境问题而言，负外部性表现得非常明显。来自生产和消费的更多的负外部性造成环境问题不断增加，当未受管制的经济主体可以任意、无偿、无限制地开发共有资源时，每一个主体都可以从资源的开发利用中获得正效益，而由此产生的负效益则由其他主体及后代承担。在获利动机的驱使下，每一个主体在决定不同层次的生产、投资和消费活动时，往往只从自己的角度来考虑各种选择的成本和收益，而不考虑由此产生的社会后果。众多经济主体共同进行资源的无偿开发，对污染的结果不承担任何责任，就会导致资源的枯竭，造成严重的环境污染。

经济生活中，环境污染是负外部性的典型表现形式，即某个企业给其他企业或整个社会造成不需付出代价的损失。企业生产过程中产生的环境污染成本往往不参与其产品生产成本的核算，而是由社会来负担，环境污染等行为负外部性的存在导致污染物过度排放，污染产品过度生产；环境保护是正外部性的典型表现形式，企业或私人为保护环境进行投资使周边环境得以改善的利益被周边所有人分享，而投资成本却由其独自承担，即投资主体没有获取为保护环境进行投资的全部收益，致使环境保护投资行为供给不足[5]。两者共同作用，导致环境质量日益下降，环境危机日益严重。

庇古指出，在经济活动中，若某厂商给其他厂商或整个社会造成不需付出代价的损失，就是负外部性，厂商的边际私人成本小于边际社会成本。市场不能解决这种损害（即市场失灵），政府需要进行干预。政府应该采取的经济政策包括：对边际私人成本小于边际社会成本的经济主体征税，即存在负外部性效应时，向企业征税；对边际私人收益小于边际社会收益的经济主体实行奖励和补贴，即存在正外部性效应时，给企业补贴。通过征税和补贴，就可以实现外部效应的内部化。这种政策建议被称为"庇古税"[6,45~60]。科斯认为，在交易费用为零的条件下，庇古的观点是错误的，因为无论初始权力如何分配，资源最终都会得到最有价值的使用，理性的主体总会将外溢成本和收益考虑在内[107]。

环境资源使用中存在负外部性是被广泛接受的现实。因为未受管制的经济主体会从环境资源开发使用中获得正效益，因此，它不会自觉控制环境资源占用。

3.2.2 外部成本内部化

现实经济生活中外部不经济性的现象比较普遍，最典型的莫过于自由排放条件下的环境污染。追求利润最大化和激烈的市场竞争迫使企业走免费污染的道路，当污染超出环境的自净能力时，社会要么听任环境恶化，要么投资治理污染。后者是社会替企业承担了部分成本，这种通过外部性转移的成本被称为社会成本，如果禁止这种转移，企业必须治理自己产生的污染，则企业在治理中产生的成本会在价格体系中体现出来，这就是外部成本的内部化。

要理解外部不经济性所引致的外部成本，首先要清楚企业的生产成本和社会总成本的概念。企业的生产成本是指企业在生产产品或提供劳务过程中所发生的资源消耗的货币表现，如产品在生产过程中消耗的原材料、工资、制造费用等。从社会角度看，企业为生产某种商品所花费的所有代价，统称为企业的社会总成本，无论这种代价由谁负担。企业的生产成本与社会总成本往往不一致，一般情况下生产成本小于社会总成本，两者之差便是外部成本，它通常由社会来承担。这种情形造成的后果，以不完全竞争市场为例（如图 3-2 所示）分析如下[108]。

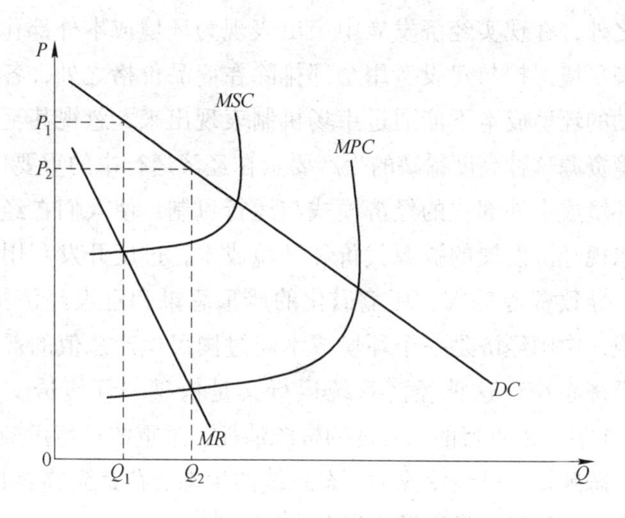

图 3-2　外部成本内部化示意图

图 3-2 中横轴代表产品的需求量，纵轴代表产品的销售价格。边际收益曲线为 *MR*，需求曲线为 *DC*，由于外部成本的存

在，边际社会总成本曲线 MSC 在边际生产成本曲线 MPC 之上。企业若以边际社会总成本为依据来决定需求量与价格时，必须使 $MR=MSC$，这时的需求量为 Q_1，价格为 P_1，企业若以边际生产成本为依据来决定产量和价格，使利润最大化，必须使 $MR=MPC$，此时的需求量为 Q_2，价格为 P_2；显然 $Q_2>Q_1$，$P_1>P_2$。所以，在社会总成本大于生产成本的情况下，产品的实际价格比其应该承担的真实价格低（$P_2<P_1$），后果就是刺激消费者购买该产品，企业获得丰厚的利润。企业所造成的外部成本全部由社会来负担，加剧了环境的恶化程度。当环境成为一种稀缺的公共物品而存在，人们或企业可以自由获取的时候，“公地的悲剧”就不可避免地发生了。

长期以来，传统经济学理论将环境作为经济增长与经济发展的外部因素，排除在一国的生产要素体系之外，即要素禀赋体系之外，在现实经济发展中突出表现为环境成本外部化，导致生态环境保护与建设费用全部排除在商品价格之外，各种经济活动的环境成本不能通过市场机制表现出来，忽视甚至否定了环境资源这种高度稀缺的生产要素在经济运行中的重要作用，这种环境成本外部化的经济模式与运行机制，使人们在经济活动中忽视经济发展的资源代价和环境成本，过度开发利用资源环境，导致资源耗竭、环境退化的严重恶果和巨大经济损失。可以说，中国经济是一个环境成本超过国民生产总值的严重亏损的经济系统，这种经济系统运行又是依靠“环境透支”和“生态赤字”来维持的，过度的资源消耗、过重的环境污染、过大的生态破坏，已经使我国生态系统的生态负荷达到临界状态，一些资源与环境容量已经达到支撑极限[109]。

大成本循环理论认为，要从整个物质世界的循环过程来看待成本消耗及成本补偿问题。即成本补偿不仅要考虑人类劳动的补偿，而且要充分考虑自然资源的消耗与补偿。因此，环境经济学家和企业管理者提出“外部不经济内部化”的观点，即将外部成本作为企业经营成本的一部分，与传统的物化劳动和活劳动共同组成企业的经营成本，完整反映企业产品成本的耗费和补偿。外部成本内部化后，环境因素进入生产环节而成为一个新的生产要素，成为同资本、劳动、资源、技术等要素并列和同等重要的生产要素，这样产品价格能够更准确地反映包括环境成本在内的生产经营活动所造成的全部代价，能够消除生产对环境的外部性影响[110]。外部成本内部化后，市场可以反映生态学的本质，以正确的价格信号为导向，进而市场就可以有效的配置环境资源。

外部成本内部化要求企业正确核算环境成本，企业的环境会计应运用与传统会计不同的方法，核算和计量环境成本，以便真实反映企业对社会的贡献和损害[111]。

3.2.3 解决外部性问题的环境经济手段

目前，解决外部性问题的环境经济手段包括庇古手段和科斯手段两大类[112]。

庇古手段侧重于利用政府干预的方式解决环境资源生产与消费中出现的外部性问题。当存在负外部效应时，政府应向企业或私人征税，使环境污染者承担与其排放的污染量等值的税收，将其应承担、但转嫁给社会的外部成本纳入企业产品成本的核算体系中。当产品的边际成本加上税收之和大于边际收益时，企业就会停止该产品的生产或改进防污技术以减少污染量；当存在正外部效应时，政府应给予厂商或私人以相当于正外部性价值的补贴，鼓励其将产量扩大到对社会最有效的水平。庇古指出，政府实行的鼓励和限制政策，是克服私人边际成本与社会边际成本偏离的有效手段，政府干预能弥补市场失灵的不足。在20世纪60年代以前，经济理论界基本沿袭了庇古的传统，借助政府干预，实行税收或津贴方法来消除外部性。这里的“税收”概念是一个学术概念，实际应用时既可以采用征税的手段，也可以采用收费的手段，例如资源税、环境污染税、排污收费、补贴和押金退款等。

庇古手段是在收入分配领域解决外部性问题，其正确实施的前提是政府拥有完全信息，可以了解外部边际成本，并以此确定税收或津贴标准。但是面对众多企业，政府很难准确确定外部边际成本，因此，政府通常根据公共健康标准和预计污染者可以负担的水平估测外部边际成本的大小，然后以税收或津贴政策将外部边际成本加入到私人边际成本中，以实现社会边际成本等于私人边际成本的最优资源配置状态。政府通常根据各类污染源的作用大小确定税率，政府所制定的税收或津贴标准可能高于或低于社会最优量，而且缺乏灵活性，不能及时根据变化的环境进行调整。

科斯手段则侧重于运用产权理论通过市场机制来解决环境资源生产与消费中出现的外部性问题。科斯定理认为，只要产权界定清晰，交易双方就会力求降低交易费用，将资源配置到产出最大、成本最低的地方，达到资源的优化配置。因为在对产权明确界定后，参与谈判的双方就会利用市场机制，通过订立合约而寻找到使各自利益最大和损失最小化的合约安排。

科斯手段通过产权明晰的方式，将环境资源的稀缺价格体现出来。环境资源与劳动力、土地、资本一样作为生产要素被企业计入成本。企业为了追求利润最大化，会主动寻求能更合理利用环境资源的新技术，在新技术的推动下外部边际成本会逐渐降低，同时环境资源的供给量逐渐增加，最终缓解资源稀缺的压力。

本书认为庇古手段和科斯手段是相辅相成的。市场调节要由政府制定相关政策，为市场自发解决环境问题提供一个良好的环境；同时，政府只有在遵从市场规律条件下，才能发挥出它管理国家的作用。世界上目前很多国家同时采用这两种手段解决环境资源使用中存在的外部性问题。

总之，不论是庇古手段还是科斯手段，有效的方式是把环境资源作为一种有价资源通过市场交易实现外部不经济内部化，而这种方式离不开有效的企业环境成本控制和环境成本信息披露。通过环境成本控制和信息披露，可以反映出企业在环境资源方面的投入与产出。由此，企业的利益相关者才能更好地评价企业的价值和环境绩效，从而做出更为准确的决策。

3.3 环境产权理论

绝大多数环境滥用现象与公地的悲剧有关，是私人对公共资源的滥用，对这一问题的关注导致了环境产权概念的产生。环境产权指行为主体对某一环境资源拥有的所有权、使用权、占有权、处置权及收益权等各种权利的集合。

3.3.1 环境的产权性质

经济学中与环境产权有关的理论是科斯定理：如果交易成本为零，只要产权明晰，则无论最初的产权如何分配，通过交易总能达到帕累托最优，外部性也就可以排除。

环境经济学把环境看作可以提供人类经济活动的生存支持的一种财产[113]，这种财产的特殊性在于它具有三大功能：提供资源、消纳废物、提供舒适性享受。环境资源是稀缺的、有价值的，有价值的东西可以交易，如果交易就应明确环境资源的产权。但是，环境资源有别于一般资源，通常它为所有人共有，没有一个人能对它单独占有。对于产权的定义理论界有着不同的观点。H·德姆塞茨（1967）认为，产权是指使自己或他人受益或受损的权力[114]，该定义偏重于产权的功能。菲吕博腾和佩杰威齐（1972）指出："产权是指由物的存在及关于他们的使用所引起的人们之间相互认可的行为性关系，它是一系列用来确定每个人相对于稀缺资源使用时的地位的经济和社会关系"[115]，他们强调产权体现的是人与人之间的社会关系。阿尔钦（1987）认为产权是一个社会所强制实施的选择一种经济物品的使用权利，这里的经济物品具有两个特征：第一，具有效用，即能给人带来欲望满足的物品；第二，能生产出产品的要素，即可以成为产生效用的手段[116]。阿尔钦强调产权源于物品的稀缺性和产权的排他性。该定义强调产权行使所依赖的权威。

根据上述理论，环境资源产权具有下列特性：

（1）产权是人们在资源稀缺性条件下使用资源的规则，这种规则是依靠社会法律、习俗和道德来维护的，环境资源产权具有强制性和排他性。

（2）产权是一组权力。

（3）产权是行为权力。

3.3.2 环境产权的合理界定

环境是典型的公共物品，环境产权为典型的公共产权，合理界定环境产权能实现环境公共产权的市场化配置与运用，解决环境问题，是可持续发展的迫切要求。环境产权的界定就是在综合考虑短期利益和长远利益、局部利益和整体利益的基础上，对环境的归属即所有权、使用权、收益权及处置权等相关权力的分配问题做出排他性的、强制性的、可操作性的和可交易性的安排。

3.3.2.1 中央政府是环境产权的终极所有者

我国宪法第一章总纲第九条规定，我国境内的矿藏、水流、滩涂等资源归全体公民共同所有，集体所控制的矿藏、水流、滩涂除外。可见，我国的环境资源归全体公民共同所有。实际上，理想的环境资源“公民共同所有”的情况并不存在。环境的公共物品性质，使得在行使环境权力时难以由某个人或某一自发形成的组织代为行使，任何人都愿意享用环境的好处而不愿意为提供该类物品付出成本。在对环境的实际管理和经营中，也不可能让所有的公民都来行使其权利，因为这样不仅成本高的惊人，而且效率也很低。基于美国密歇根州立大学的萨克斯教授提出的“环境公共财产论”和“环境公共委托论”的观点，环境要素是全体公民的共有财产，公民为了管理他们的共有财产而将其委托给政府，公民与政府之间就建立起委托人和受托人的关系，政府作为受托人有责任为全体公民，包括当代人及其子孙后代管理好这些财产，未经委托人许可，政府不得自行处理这些财产。政府作为公众的代理人，履行管理、利用和分配环境资源的权利，以最大限度保证自然生态环境的良性循环和公平分配[6,73,74]。政府作为社会公众的代表承担起保护环境资源的重任。

在我国现有的政治经济体制和环境考核制度下，地方政府担负着促进经济增长的职责，为追求当地经济发展和自身政绩，存在着一种片面重视经济增长而忽视环境的内在冲动，不能有效地协调经济增长和环境保护的关系。而中央政府更能从全局、长远发展的角度来认识经济增长和环境保护的关系，并做到两者兼顾。对于以公共物品形式出现的资源环境，中央政府实际上具有所有权，它拥有国家区域内的环境资源。因此，环境产权的终极所有者应该界定给中央政府，然而中央政府却不宜拥有环境的使用权。中央政府可以通过建立以地方政府为单位的环境考核机制，将环境的使用权从环境产权的权力束中分离到地方政府手中，并使其从中获得使用收益，地方政府才会有足够的激励去监督污染者，其行为角色与企业理论中拥有剩余索取权的委托者类似[117]。

3.3.2.2 地方政府是环境产权的初级使用者

地方政府获得环境初级使用权后即成为环境保护的主体，可以根据本地区的实际情况确定本地区的最优污染量，并据此向环境资源使用者发放可交易的环境使用许可证，允许其开发、使用环境资源，并对环境资源使用者课税。此外，地方政府通过罚金等方式，对环境资源使用者违规违法使用资源的情况进行约束，并以这部分资金对环境资源进行修复和治理。

由于法律上已经承认了污染和排污的合法性，为了有效控制污染物的排放，地方政府可以根据当地情况分别采取无偿分配和拍卖等方式发放可交易的环境使用许可证。环境使用许可证的交易可以在需求方和供给方之间直接完成，也可以由地方政府设立交易所或建立“控污银行”，这是专门发行、经营排污指标，充当排污权交易中介调节者的经济组织。它们起到了一个交易媒体的作用，有剩余环境使用许可证者可将该许可证存放在交易所，由交易所或“控污银行”来管理并用于交易。通过购买和转卖实际的或潜在的环境使用许可证，不仅最大限度地实现对环境污染的总量控制，而且最大限度地实现对环境使用许可证的优化配置，提高全体排污者的总体经济效益。

3.3.2.3 企业是环境产权的最终使用者

最终拥有环境使用权的是企业，但是企业使用环境资源应该受到约束。一方面是政府约束，政府批准企业设立和经营的同时，也批准了企业对环境资源的使用，但这种使用要以纳税、缴纳排污费为代价；另一方面是市场调控，市场对于环境资源有效利用的自发调节往往极为有效，有效利用环境资源的企业被授予更多的权力，反之则削弱甚至取消企业使用环境资源的权力。市场在资源配置方面的作用是无可替代的，至今尚未有其他资源配置方式能够取代市场的地位。

3.3.3 产权关系下的环境成本控制

如果将环境资源与企业的其他资源进行对比可以发现，中央政府和该地区的全体居民类似于企业的股东，地方政府的职责类似于企业的高管层，企业在这个产权结构中则扮演着类似于生产车间或子公司的角色[118]。因此，按照产权关系，环境资源的所有者有获取环境成本信息的权利，环境资源的经营者地方政府有披露环境成本信息的责任，企业作为生产车间或子公司更有义务控制环境成本和披露环境成本信息。

3.4 环境价值理论

3.4.1 基于效用价值论的环境价值观

环境具有价值的理论可以在经济学中的效用价值理论中得到答案。19 世纪 70 年代，西方经济学家提出效用价值理论[119]，从物品满足人的欲望能力或人对物品效用的主观心理评价角度来解释价值及其形成过程。效用是指物品满足人的需要的能力，或者说人消费某种物品所获得的满足感。效用价值理论认为，只要人们的某种欲望或需要得到了满足，人们就获得了某种效用。所有的生产都是创造效用的过程，但是人们不一定必须通过生产的方式来获得效用。人们不仅可以通过大自然的赐予获得效用，还可以通过自己主观感受获得效用。

价值起源于效用，效用是形成价值的必要条件，又以物品的稀缺性为条件，效用和稀缺性是价值得以体现的充分条件。

根据效用价值理论，很容易得出环境具有价值的结论，因为自然资源和环境是人类生产和生活不可缺少的，无疑对人类具有巨大的效用；此外，人类社会的扩张性发展导致环境资源日益稀缺，环境满足既短缺又有用的条件，因此它具有价值[120]。

3.4.2　基于马克思劳动价值论的环境价值观

劳动价值论的基本思想由英国古典政治经济学的创始人威廉·佩蒂在1662年出版的《赋税论》中首次明确提出，这种思想由亚当·斯密和大卫·李嘉图完善和系统化，形成了古典政治经济学的价值论基础——劳动价值论。马克思在吸收借鉴古典经济学劳动价值理论的基础上，完成了对价值的质与量的统一意义上的分析，即实现了从价值决定、价值实现与价值分配的统一，构筑了完整科学的马克思主义劳动价值论。马克思的劳动价值论是物化在商品中的社会必要劳动量决定商品价值的理论。劳动价值论成立的一个基本前提是自然力是共有的和无偿的。这个前提一旦不复存在，“劳动是价值的唯一源泉”的命题必须重新考虑[121]。

运用劳动价值论来考察环境价值，关键在于环境中是否凝集着人类的劳动。人类为了使经济发展适应环境的要求，在保护环境的工作中投入了大量的人力物力，现在的生态环境已经不再是自然造化之物，它凝结了人类的劳动，从价值补偿的角度看，环境具有价值，其形成是为了补偿环境消耗与使用的平衡所投入的劳动。

长期以来，劳动价值论认为环境资源是自然造化之物，环境资源没有价值[122]。受此影响，企业只关注如何提高经济效益，却忽视环境保护，我国的环境资源遭到巨大的破坏。国际贸易中，发达国家制定新的国际环境公约，对发展中国家设置“绿色贸易壁垒”，我国企业如果产品成本中不考虑外部环境成本，在新的“绿色贸易壁垒”面前损失巨大。由于我国的民众环境价值观念淡薄，致使我国有些地区正在遭受某些发达国家的“环境掠夺”，因此，必须变革传统观念，明确环境价值理论的内涵：环境具有效用、环境具有稀缺性、环境具有价值。

根据环境价值理论，企业进行会计核算应分两步走：一方面应将生产过程中的外部和内部环境成本纳入企业成本核算体系，计算产品或劳务的总成本；另一方面企业需要对现行会计核算体系进行调整，设置环境会计相关账户，建立环境会计核算体系。

3.5 企业伦理学理论

3.5.1 企业伦理要求绿色经营

企业伦理主要是以企业系统为核心、围绕企业运作而建构起来的一种价值观、准则，它既包括作为社会子系统的企业系统与社会系统的关系相处中的价值取向问题，也包括企业内部的各种角色（主要是企业主、经理人）在生产、经营、管理、分配等过程中，在和利益相关者互动时所遵循的一些基本的价值准则。它作为一种价值理念寓于企业的活动之中，通过企业经营过程中的价值取向及承担的社会责任体现出来[123]。企业伦理学是在一般伦理学和企业管理学、企业经营学的交叉地带建立起来的，以企业道德为研究对象的一门边缘学科[124]。广义的企业道德是指导企业经营活动参与各方行为善恶的规范。狭义的企业道德是指导企业及其成员经营活动行为善恶的规范。企业伦理是一个内容丰富、层次多样的价值规范体系，其内容包括互利互惠的原则、维护经营法规权威和遵守经营法规等合法经营规范以及诚实守信、公平交易、履行社会责任等企业道德规范，其层次则体现为经营法规的伦理底线和企业道德的伦理高线两层[125]。企业伦理学分析和解决企业经营过程中出现的道德问题，探索既符合伦理道德又能给企业带来利益的经营管理模式。

当前，全球环境的恶化已到了非常严峻的程度，生态环境非常脆弱，生态危机已然出现。全球性的环境危机在我国也大量出现，我国经济增长是以牺牲环境为代价的。改革开放以来，我国以经济建设为中心，逐步建立健全社会主义市场经济体制，经济获得了长达20余年的高速增长期，但资源消耗和环境污染则达到非常严峻的程度。就水资源来看，全国主要江河湖库和近海领域都普遍受到不同程度的污染，而且总体上未能得到根本控制；就耕地资源来看，全国每年都有大量的耕地被工厂和开发区所吞噬。既然企业消耗了大量资源，也制造了主要污染，就应该承担起保护环境的责任。这些责任就是有效利用资源、控制污染、保护环境，走富有伦理意义的绿色经营之路。

3.5.2 企业生态伦理追求经济效益、社会效益和生态效益的统一

就企业与环境的关系而言，企业伦理学从伦理角度研究了如何使企业的经济效益，社会效益和生态效益统一的企业生态伦理道德问题。企业生态伦理是从企业生态关系之中产生的企业伦理类型，它主要用来协调和处理企业与生态环境之间的关系。工业文明使企业与生态环境的关系变得非常密切，但企业在利用自然资源的同时，却也使人类的生存环境急剧恶化，人类正面临严重的生态环境危机。因此，制定企业生态伦理规范，培育企业生态伦理意识，以规约企业与生态环境的关系，形成企业与生态环境和谐共荣的局面，是现代企业伦理的重要组成部分。

企业生态伦理道德观要求企业在享受开发利用环境资源权

利的同时，还应履行有效利用资源环境、控制污染和保护环境的社会责任和环境责任。企业伦理学认为，企业在生产经营时，力求使企业效益、社会效益和环境效益共同达到最优，这才是符合伦理要求的、真正的企业利润最大化，也是企业应追求的最高境界。

综上所述，可持续发展理论、外部性理论、环境产权理论、环境价值理论、企业伦理学理论等为确定企业的环境责任提供了有力的理论支持，从而也为环境会计的实施和环境成本的控制奠定了理论基础。

4 生产者责任延伸制度下企业环境成本控制框架的构建

4.1 我国企业环境成本控制现状

4.1.1 企业控制环境成本并披露环境成本信息

王立彦教授（1997、1998）以公司会计与环境管理为主题，对企业家环境观念和我国企业环境会计实务的调查表明，企业的管理层和会计人员环境管理意识增强[126]，环境会计实务和环境控制手段在企业有不同程度的运用。企业相关环境支出的会计处理为：列入管理费用（55%），分配到全部产品成本中（15%），分配到与环境支出直接相关的产品成本中（15%），列入营业外支出（9%），列入销售成本或销售费用（6%）。企业披露环境事项的方式及所占的比例为：包含在年度报告中（36%），内部工作会议记录（36%），单独报告（14%），包含在会计报表附注中（9%），包含在董事长的报告中（5%）[127]。

李建发和肖华博士（2002）对我国企业环境报告情况进行问卷调查，结果表明：按现行法规要求对原有设备改造和重置的环保支出、新投资项目的环保设施支出、排污费和临时性或突发性环保支出，这四个项目是企业最常发生的环境支出（见表4-1）[128]。大部分企业对排污费单独立账，但企业对于其他环境支出项目单独立账的比例都没有超过50%。从环境成本发生的原因看，企业环境支出项目受环境法规因素的影响较大，资本性环境支出大于收益性环境支出，环境支出对于企业的财务影响具有长期性。可见，企业比较重视环境成本控制。

表 4-1 企业环境支出项目及其会计处理

项目	调查综合结果/%	
	实际发生	单独立账
按现行法规要求对原有设备改造和重置的环保支出	93	34
新投资项目的环保设施支出	89	45
排污费	89	71
环保专门机构的经费（含工作人员工资等）	61	11
临时性或突发性环保支出	75	18
因违反有关环境法规而被处罚的罚款	40	34
对职工的特殊工作环境补偿	56	21
环境问题诉讼和赔偿支出	31	18
环境保护社会活动支出（如捐赠等）	50	16
其他项目（生产产品达到国家环保要求的技术投入；塑造企业形象的环境支出，如绿化等；对产品环保功能的研究与开发）	7	0

资料来源：李建发、肖华[128]。

肖淑芳教授（2004）对企业环境保护和环境会计的状况进行调查[129]，在接受调查的 92 家企业中，设立和准备设立环保处（科）专门负责环境保护问题的企业占 73%；通过、申请过和准备 2 ~ 3 年内申请 ISO 14001 认证体系的企业占 79%。对于环境控制的成效问题，认可改善了职工的工作环境的企业占 57%，认可改善企业形象和提高企业知名度的企业占 40%，认可减少了排污费支出的企业占 30%，而 35% 的企业认可环境治理提高了成本费用支出，47% 的企业认可环境治理经济效益很少，主要是社会效益。调研结果表明，我国大部分企业都有了环保意识。在被调查的企业中，特大型和大型企业环保意识较其他企业更强一些；部分中型企业虽然也具有较强的环保意识，但总体水平比大型企业要差；小型企业的环保意识最差。在今后的环保工作中，政府部门应针对中小企业的特点，出台一些既有利于其发展又有利于环境保护的政策，使中小企业要在环境保护和自我发展两方面进行权衡。

对于“环境对企业的影响”问题，调查的统计结果表明：企业认为环境问题对企业价值影响较大，且这种影响是长期的，但对“环境投资对企业未来财务影响有利”持一定的怀疑态度。政府部门需要加大环境保护宣传的力度，使企业和公民都有环保意识，增加社会责任感。

对于“环境管理和环境观念”问题，调研结果显示：人们已经有了环境观念和环保意识，对目前政府实施的环保措施持赞同态度，可持续发展和环境保护理念在一定程度上被人们接受，但是人们对可持续发展和环境管理的认识还不够深刻。这表明我国环境会计的建立有了较稳固的企业内部基础。

被调查企业发生的环境成本主要包括：新投资项目的环保设施支出、按现行法规要求对原有设备改造的环保支出、对职工特殊工种的环境补贴、排污费支出、临时性或突发性环保支出、环境问题诉讼和赔偿支出、因违反环境法规而被处罚的罚款、与环境保护有关的社会活动赞助支出、企业专设环保机构的经费、绿化费支出研究与开发产品环保功能的支出等项目，企业对这些支出单独立账处理的差异很大。大多数企业对排污费支出、绿化费支出、对职工特殊工种的环境补贴、新投资项目的环保设施支出、按现行法规要求对原有设备改造的环保支出立账处理。这表明企业比较重视环境成本控制并对其进行核算。

对于“环境信息的披露”问题，大部分企业对环境信息披露的内容均表示赞同，对建立法规强制要求企业充分披露环境信息对企业有利的看法较为一致；企业披露环境信息的根本原因，认可满足政府监管部门的要求的企业占70%，认可为树立良好的环保公众形象的企业占48%，认可迫于公众或环境保护组织的压力的企业占41%，仅有9%的企业自觉披露环境信息。这表明我国目前企业披露环境信息存在强制型和自愿型并存的局面，且以强制型居多。至于环境信息的使用者，认为政府管理机关、企业管理者、新闻媒体、投资者、金融机构需要环境信息的企业分别占87%、62%、51%、50%、20%，这表明企业披露的环境信息主要服务于国家宏观环境管理的需要，在这种情况下，企业环境报告就会忽视其他使用者的信息需求，其提供的环境信息也是不完整的。

刘丽敏查阅2005年底以前在我国沪深两地上市交易的石油、化学、塑胶、塑料强污染行业的138家企业2004年、2005年度报告❶发现，在2004年的年报中，有119家企业披露了有关环境会计方面的信息，所占比例约为86%；在2005年的年报中，有125家企业对此披露，约占90%。肖淑芳（2005）年查阅132家该行业的上市公司2002年、2003年的年报后指出，2002年与2003年披露环境会计信息的公司分别有82、86家，披露比例分别为62.12%、65.15%[130]，可见，近年来，注重环境会计信息披露的企业逐渐增多[131]。

关于环境会计信息披露的方式。表4-2反映了样本公司披露环境会计信息的方式，年报中与环境会计有关的信息，绝大多数企业主要在董事会报告和报表附注中对外披露；对于企业当期发生的重大的与环境相关的事项，个别企业会在重要事项、

❶ 年报资料来源：深圳市证券信息有限公司制作的资料性数据光盘《上市公司财务分析数据及定期报告汇编》（2005年和2006年）。

业务回顾与展望、公司基本情况简介中加以反映；其他披露方式（如把环境会计信息融合在财务会计报告中、单独披露环境会计信息）在样本公司中没有发现。

表 4-2　样本公司环境会计信息披露的方式

披露方式	2005 年		2004 年	
	披露公司数目	所占百分比/%	披露公司数目	所占百分比/%
董事会报告	85	68	43	36
会计报表附注	124	99	116	97
重要事项	1	0.01	0	0
业务回顾与展望	1	0.01	2	0.02
公司基本情况简介	1	0.01	1	0.01
财务会计报告	0	0	0	0
单独披露（健康、安全、环境）	0	0	0	0

关于环境会计信息披露的内容。表 4-3 列出了样本公司所披露的环境会计信息内容。在目前的会计体系下，企业可以轻松获取所披露的上述信息。对比两年的数据，可以发现在某些披露内容上 2005 年的企业数目较 2004 年有所增加，如环保投资、环境政策等。

表 4-3　样本公司披露的环境会计信息内容与表述形式　（家）

内　容	2005 年			2004 年		
	披露公司数目	表述形式		披露公司数目	表述形式	
		货　币	非货币		货　币	非货币
环保投资	89	82	7	84	82	2
环境政策	85		85	34		34
环保拨款、补贴与税收减免	65	64	1	58	58	

续表4-3

内　容	2005年			2004年		
	披露公司数目	表述形式		披露公司数目	表述形式	
		货　币	非货币		货　币	非货币
其他环境支出	65	65		60	60	
排污费	33	33		32	32	
资源税、资源补偿费等	17	17		19	19	
ISO等环境相关认证	13		13	12		12
绿化费	6	6		9	9	
诉讼、罚款、赔偿与奖励	2	1	1	0		

进行环境会计信息披露的样本公司绝大多数会披露环境支出的内容，而且一般有具体的财务数据。环境支出的内容主要在董事会报告、会计报表附注中进行披露，其主要内容包括：公司采取与环保有关的决策、按现行法规要求对原有设备改造和重置的环保支出、新投资项目的环保设施支出、环境污染综合治理、公司因环境污染严重而受到的惩罚、排污费、违反环境法规的罚款、矿产（水）资源税或补偿费、厂区改造绿化费、其他环境支出（如河道管理费、堤防费、防洪保安费、环境咨询费）等方面。其中前四项一般会先在董事会报告中重点提出，其他内容则主要在会计报表附注中进行披露。

样本公司对于环境收益披露的内容较环境支出要少，披露内容主要包括：因采取环保措施所受到的奖励、因采取环保措施享受的税收优惠政策、由于实行清洁生产减少交纳的排污费、利用三废生产产品取得的收入、国家拨给企业的环境治理专项资金等。前两项主要在董事会报告和重要事项中进行披露，其他的在会计报表附注中披露。

少数企业仅在董事会报告中提出该公司会注重环保问题，或者说明该公司的生产符合环保要求，但具体采取的措施并没有明确提出。

关于环境会计信息的表述形式。由于环境问题的特殊性，环境会计信息也往往以货币、非货币的形式存在。表4-3也对样本公司环境会计信息披露的表述形式作了统计：以货币形式披露的信息包括环保投资、排污费、资源税、绿化费等内容，他们在报表附注中的有关会计科目中出现，作为与环境相关的明细科目列示；以非货币形式披露的信息主要包括ISO等环境相关认证（如ISO 14001环境管理体系、HSE健康/安全/环境管理体系、GB/T28001职业安全管理体系）、环境政策等很难用量化的货币指标来加以描述的内容。样本公司对于能以货币单位或其他单位计量的信息一般用数据表示，而对不能以数据表示的信息一般用文字在附注中表示，这几乎与国际惯例一致。

4.1.2 企业环境成本控制存在问题

从企业层面来讲，现行财务会计核算的理论基础是劳动价值论，其主要内容是劳动量决定商品的价值量，交换形成商品的价格[132]。依据这一理论将不是劳动结晶的自然资源摒弃在会计核算系统之外，企业利用自然资源进行经济活动所发生的自然资源耗减也不是会计核算的内容；体现劳动价值耗费的环境保护费用虽然列入会计核算系统，但是这部分费用不分性质，一律作为当期损益处理。

4.1.2.1 环境成本控制手段单一

大多数企业的环境成本控制范围仅限于生产过程中的环境成本（如排污费、绿化费），而没有考虑材料采购阶段、产品售后使用阶段的环境污染问题，我国企业几乎没有考虑外部环境成本的计量和控制，因没有将外部环境成本纳入到企业生产过程的总成本中去，使得产品的成本发生扭曲。即使对于可以控制的内部环境成本，现行的会计制度也没有给予足够的重视，没有专门的环境会计准则或相关规定，很多企业对环境支出、环境收入的核算没有单独立账，使其淹没在同类项目中。例如企业将排污费、绿化费等环境成本费用合并在管理费用和营业外支出科目下核算；因违反环境法规而交纳的罚款和责令停业的损失、环境污染对于他人造成损害的赔偿等，作为营业外支出处理；企业设置的环境机构和工作人员的经费支出，作为管理费用处理；对于利用废气、废水和废渣生产的三废产品适当减免的税收，作为抵减相应的税款处理；对于降低污染和改进环境所进行的新型的设备投资、污染治理投资都是作为一般的支出处理，而没有设立资本性支出项目；企业获得的专项污染治理拨款作为一般拨款计入专项应付款。由于环境成本隐藏在其他成本费用账户中，既不能看出企业的环境成本占总成本的比例，也不能看出企业环境控制的绩效。因缺乏有效的环境成本信息，企业管理者在进行项目投资决策时既无法预测环境成本的数额，又缺乏合理的财务评估方法，使得项目决策出现偏差。上述简单的环境成本会计处理远未上升到环境成本要按照企业环境成本控制的要求进行分类、归集和分析，更不能上升到利用这些会计资料加强企业环境控制的境界。

4.1.2.2 环境成本控制体系不健全

目前，国内企业设立环境管理部门的主要目的是控制生产过程中的污染排放，以达到国家规定标准。由于没有健全的环境成本控制体系，经营者不会对环境问题真正关心，也很难从环境保护角度去考虑企业的发展。企业环境影响尚没有重要到成为影响企业形象，进而影响到企业核心竞争力的程度，经营者很难自觉将环境保护水平提高到国家要求的标准以上。企业由于未建立有效的内部环境控制机构和环境成本信息管理系统，导致企业内部环境管理部门不能给会计部门提供明确的环境成本分析数据，致使企业环境成本数据的可靠性很有限。

4.1.2.3 环境成本信息披露存在缺陷[131]

对于在年报中披露环境信息的上市公司，其披露方式也存在问题（刘丽敏，2008）。首先，环境信息披露不完整。由于环境信息的披露主要是依靠企业自愿，所以大部分公司披露的环境信息，只集中在某一项或几项内容上，而不是按照国家环境保护部《关于企业环境信息公开的公告》的要求，披露企业必须公开和自愿公开的环境信息，这也导致披露内容不全面；此外，已经披露的环境信息多数强调企业在环境保护中发挥的积极作用，很少披露对公司有负面影响的环境信息。通过查看年报，笔者还发现对于与环境相关的资产、负债、收益等内容，目前我国还没有企业单独设立相应的会计科目、建立独立的会计账户进行反映，这就导致对环境信息披露的企业，也仅是对某些会计科目中存在的环境信息做一简要说明，因此环境信息的重要性、明晰性也就不能体现出来。其次，环境信息的披露方式不规范，行业间缺乏可比性。由于有的公司披露环境信息，有的不披露；有的公司披露的内容较多，有的披露的内容较少；不同公司披露的环境信息内容不同，方式不同，信息使用者很难对不同公司的环保情况进行正确的比较，也很难根据这些信息作出符合自己意愿的决策。因环境信息大多数是以报表附注和董事会报告的方式对外披露，缺乏固定、规范的形式，所披露的信息在行业间缺乏可比性。再次，环境信息没有经过环境审计。对于企业披露的环境信息，审计报告中完全没有涉及环境信息披露方面的内容，年报中也没有相关部门或机构对上市公司发布的环境信息的鉴证，这表明环境信息的可靠性是有限的。

基于我国企业环境成本控制现状，探索符合时代特点的、生产者责任延伸制度下的企业环境成本控制框架是本章主要研究的问题。

4.2 生产者责任延伸制度

4.2.1 生产者责任延伸制度包括的基本要素

4.2.1.1 责任主体

一般理解，产品在生命周期内对环境影响的责任，理应由所有相关方，包括产品制造者、销售者、消费者和国家共同承担。其中，改进产品环境性能的责任和告知消费者产品环境性能信息的责任，比较明确，只能由产品制造者承担；产品回收处理和处置责任可以由制造者、销售者和消费者共同承担；国家的责任一般应当限定在宣传鼓励和政策制定方面。在生产者责任延伸制度发源地的欧盟国家以及美国，消费者不承担任何可见费用。1988 年，荷兰环境部《关于预防和循环利用废物的备忘录》中将责任主体扩大到产品的设计者。产品的设计者和生产者意识到产品废弃后处置时对环境造成的影响，并对此承担一定的责任[133]。

企业作为国民经济的细胞，既是物质产品的创造者，又是经济资源的主要消耗者和大多数污染物的直接排放者，企业的行为对环境保护意义重大。因此，一方面，制度中的责任主体，应当理解为所有的产品相关方各自承担相应责任，并不仅限于产品的制造者；另一方面，突出“生产者”（企业）在产品生命周期中的主要责任，因生产者责任延伸制度把产品在回收时所发生的管理和费用的责任部分或全部地向产品生产者转移，这就促使企业在设计产品的时候具有考虑产品生产或废弃后对环境产生较小不利影响的动机。让生产者对其生产的产品废弃后的管理负责任，可以促使他们更加注意产品的回收和循环利用问题，生产者也会试图通过改变产品设计或材料使用以尽量减少废弃产品管理成本。这种从末端治理到源头控制的转变就是生产者责任延伸制度区别于单纯的回收体系的关键，它能够通过废物管理成本内部化而激励企业进行更有效率的废物管理，最终使外部环境成本企业化，进而减轻社会的负担。

4.2.1.2 责任客体

目前对所有的产品实施生产者责任延伸制度并不可行，概括各国责任客体的特点，大致包括：

(1) 产生量大的固体废物，如包装物、饮料容器等。

(2) 环境风险较大的固体废物，如那些不易清除和处理、含有长期不易腐化的成分、含有有害成分的固体废物。

(3) 回收再利用价值高的固体废物，如轮胎、电子电气产品、汽车等。

20 世纪 90 年代以来，生产者责任延伸的理念得到迅速传播，在立法和实践领域都产生飞速发展。至今，几乎所有的经济合作与发展组织（DECD）国家都制定了生产者责任延伸的政策，通过政府引导、企业自发或者立法强制等方式实践该制度。可以断言，随着我国环保法规的不断完善，生产者责任延伸制度所包括的责任客体会逐渐拓宽。

4.2.1.3 生产者承担的延伸责任的内容

瑞典环境经济学家托马斯·林赫斯特（Thomas Lindhquist）教授[21]指出生产者应当保留其产品全生命周期内的所有权，因此生产者应当承担其产品带来的环境问题所涉及的各种责任，主要包括以下几种：

（1）管理责任。指的是生产者直接参与废弃产品的管理，负责产品回收以及限期淘汰有毒有害危险材料的使用、具体承担处置的责任。其范围从发展必需的科学技术，到管理收集处理产品的回收系统。

（2）行为责任。生产者要采取行动，使产品在消费后易于以环境友好的方式进行回收和处理，并承担回收处理责任。

（3）信息披露责任。生产者负责提供关于产品环境性能的信息和产品生命周期各个阶段的环境影响信息。

生产者承担的延伸责任最终要求生产者要把其产品在全部生命周期过程中对环境的负面影响纳入其成本体系。

4.2.2 国外实施生产者责任延伸制度的经验

4.2.2.1 经济合作与发展组织（OECD）国家的经验[134]

OECD 国家将产品的生命周期分为两个部分，生产者的责任仅被限定在产品生命周期的制造、流通和消费阶段。而对于产品生命周期的剩余部分，即废弃物的控制与管理等，则不由企业承担，而是由地方社团、协会等组织通过征收税金的方式来承担回收处理费用。这一举措使得生产者自觉从源头开始抑制废弃物的生成，在技术研发和产品设计阶段就开始考虑如何减少对环境负荷的压力，从而促进了生产阶段的循环综合再利用，大大提高了资源的利用比率。

4.2.2.2 日本的经验

日本现代化经济的发展伴随着环境与经济增长的矛盾，政府为解决环境公害等问题，曾投入大量资金，但是效果并不明显。2000 年，日本政府颁布并正式实施了《推进循环型社会形成的基本法》，使日本从单纯的环境保护转化为全面建设循环型经济社会的轨道上来，实现了突破性的进展。该法律集中体现了生产者责任扩大的原则[135]。《容器包装再利用法》规定了容器生产企业对容器包装负有包装再利用义务；《特定家电再商品化法》明确了生产者对家电的回收和再商品化所承担的责任。法令针对废弃比例最高的空调、电视、冰箱、洗衣机四类产品规定：由市、町、村进行回收，掩埋的四类家电必须由生产厂家承担回收和再利用义务。

OECD 国家和日本的做法促使企业在设计产品时，自愿将环境因素纳入成本核算，把环境责任转变为企业追求利润最大的动机。我国《固体废物污染环境防治法》第五条明确了生产者责任的延伸。国家也有意向在废旧家电及电子产品领域试行生产者责任延伸制度，因此，我国企业只有主动承担相应的环境责任，才能真正实现国家和企业的可持续发展。

4.3 生产者责任延伸制度下企业环境成本控制的目标与原则

4.3.1 企业环境成本控制的目标

企业生态伦理道德观要求企业在享受开发利用环境资源权利的同时，还应履行控制污染和保护环境、有效利用资源环境的社会责任和环境责任。企业在追逐利润的同时，不仅考虑自身的经济利益和短期效益，更应考虑社会效益和环境效益。政府应扶持环保工业的发展并为之提供发展的宏观环境，企业应从内部控制环境污染并避免污染的扩散，充分考虑企业的外部环境成本并从整个社会的角度出发治理污染，以便改善环境，为社会提供环境友好的产品，最终实现企业效益、社会效益和环境效益共同达到最优。

（1）环境效益最优。企业要实现环保效果最优的目标，一方面企业应努力实现自然资源与能源利用的最合理化，以最少的原材料和能源消耗，提供尽可能多的产品和服务。另一方面企业应把对人类和环境的危害达到最小，把生产活动、产品消费活动对环境的负面影响减至最低。

（2）经济效益最优。在致力于减少生产经营各个环节对环境负面影响最小的前提下，企业才能追逐尽可能大的经济效益。

（3）社会效益最优。社会效益指某一件事情（某一种行为、某一项工程）的发生所能提供的公益性服务的效益。它分为社会经济效益、社会生态效益、社会精神效益。社会生态效益是环境成本控制主要关注的内容。在生产者责任延伸制度下，为了优化社会生态效益，企业应贯彻可持续发展观，在追求经济效益的同时，充分考虑环境、资源和生态的承受能力，保持人与自然的和谐相处与发展。

4.3.2 企业环境成本控制的原则

考虑到环境因素后，环境成本控制与传统成本控制存在较大差异。

（1）兼顾经济效益和环境效益。可持续发展要求企业在追求经济效益的同时，必须处理好与环境之间的关系。生产者责任延伸制度使企业承担着来自多方面的环境责任，企业必须兼顾环境效益。

（2）外部环境成本内部化。生产者责任延伸制度要求企业的成本控制体系确认和计量外部环境成本，并积极的把外部环境成本内部化。

（3）遵守环境法规。企业的环境成本控制必须严格遵守国家有关环境法律法规，并以这些法规为行为的准绳。生产者责任延伸制度的实施会追溯企业的环境责任，而企业一旦违反环境法律法规，就有可能被法律追溯承担相关环保责任，那么企业潜在的环境负债问题极有可能使企业陷入巨额的财务困境甚至破产境地。

（4）因为环境会计有别于传统的会计体系，企业对环境成本的计量应以货币为主，同时辅以非货币计量形式。

4.4　生产者责任延伸制度下企业环境成本控制模式

徐政旦教授（1998）[136]提出：企业应形成由业务对象过程（下游、中游与上游）与控制视野（现实的、超前的、理想的视野）两种要素交汇而成的多样化的新型的成本控制模式。针对产品全生命周期业务过程，现代成本管理应树立成本节省和成本避免这两种基本理念，成本控制的实施应辅以组织措施到位、工程方法运用和会计计量的多种手段。基于这一思想，生产者责任延伸制度下企业的环境成本控制模式有三种：事后处理、事前规划与事中控制。

4.4.1　事后处理

事后处理通常采用末端治理方式来对环境质量进行改善，企业通常在污染发生后采用除污设施和方法消除环境污染，在此过程中企业把发生的支出确认为环境成本。事后处理并未改变大量生产、大量消费和大量废弃的生产和消费基础。

事后处理作为传统的环境成本控制模式，只侧重控制现行生产过程中发生的环境成本，没有从原材料投入、产品生产、产品销售、产品消费等会产生环境负荷的源头阶段改良生产工艺流程，该模式下企业控制环境成本的成效并不明显。在环保法规日益完善的今天，如果企业被确定为某一环境领域的可追溯的主要责任者，对环境资源的事后处理方式往往会使企业陷入巨额的环境支出困境。

从控制过程看，在生产者责任延伸制度的实施下，企业对环境成本的控制应从事后处理延伸到事前规划，据此将环境成本分为两类：(1) 环境控制成本。指企业主动履行环境保护责任而产生的成本支出，表现为环境保护、资源维护等行为发生的支出。该项成本越高，表明企业主动履行环保责任的程度较高。(2) 环境故障成本。它是指除环境控制成本以外与环境问题有关的企业的成本支出。如企业因没有很好的履行环保责任所发生的环保处罚支出等成本。如果企业的环境控制成本较高，违规支出就会减少，环境故障成本就会较低。处理好两者的关系有助于企业对环境成本的控制。

4.4.2 事前规划

王跃堂教授（2002）对事前规划[42]的界定比较准确。事前规划指综合考虑整个生产工艺流程，把未来可能的环境支出进行分配并进入产品成本预算系统，提出各项可行的生产方案，然后对各项可能的方案进行价值评价，从未来现金流出的比较中筛选出环境成本支出最少的方案并加以实施，以达到控制环境成本的目的，力求达到环境控制成本和环境故障成本的均衡[42]。事前规划注重从产品设计开始，直至最后废弃物处理，都采取对环境带来最小负荷的控制方案，注重对产品寿命周期的全过程进行控制。事前规划通过资源能源减量消耗、资源能源节约与循环、废弃物质再利用并资源化、污染物质排放的抑减和无害化等方式，有效地优化环境成本的结构，扩大环保效果和效益，促使企业经济效益的实现与环境协调发展。企业通过事前规划模式控制环境成本，可以谋求环保效果和效益最优化，进而提高企业绿色形象，促进企业的良性发展。

4.4.3 事中控制

事中控制模式是事前规划控制模式在企业生产领域的延伸。事中控制也是过程控制，就是在实施事前规划所确定的方案过程中，确定合理的生产经营规模，采用对环境有利的新技术和新工艺，选择对环境影响低的替代材料。跟踪监测企业各个生产环节负面影响的环境因子，处理好企业生产中产生的废气、废水、废渣等对环境有影响的废弃物，对生产中排出的废弃物进行监测，达标排放，避免发生企业环境或有负债。企业对各种污染处理系统项目进行可行性分析，控制污染处理系统的建造运营成本，以降低企业环境成本，增加效率。

4.4.4 事后处理与事前规划的比较

事前规划体现了环境成本控制的国际发展趋势，与传统的事后处理相比，两者在诸多方面存在明显区别：

（1）控制的侧重点不同。事前规划侧重于对生产工艺流程优化设计，使产品在整个生命周期对环境的影响达到最低，事前规划的顺利实施需要企业准确的获取环境信息，其控制成效显著。事后规划基于已有的生产工艺流程，对现行生产过程发生的环境支出进行事后控制，在企业的环境成本控制体系中，成效不显著。

（2）控制理念不同。事前规划采取积极主动的预防态度控制环境污染和环境成本；在环境法律法规日益严格的现状下，事后处理则是被动消极的控制环境成本。生产者责任延伸制度下，企业一旦因为环境污染问题成为环境法律追溯责任的主体，事后处理往往比事前规划更能让企业陷入环境债务困境。

4.5 生产者责任延伸制度下企业环境成本控制方法

环境成本控制方法是在环境管理会计理论的指导下，从环境管理实践中总结出来的各种方法。

4.5.1 作业成本法

4.5.1.1 作业成本法的基本功能：分配环境成本[137]

作业成本法（作业成本计算法，Activity-Based Costing，ABC），最早于20世纪70年代提出，1984年由美国鲁宾·库帕和罗伯特·卡普兰加以完善。作业成本法是以作业为核算对象，通过成本动因来确认和计算作业量，进而以作业量为基础分配间接费用的成本计算方法。作业成本法的主旨是产品耗用作业，作业耗用资源并导致成本的发生。分配作业成本时可以分两步走：第一步确认耗用企业资源的所有作业，然后把资源费用追溯到对应作业中；第二步为每一种作业提供一个成本动因，将所有作业成本追溯到产品中。对环境成本而言，其发生就可以通过作业这个桥梁最终实现分配给具体产品的目的。

为了给管理当局提供对决策有用的信息，环境成本确定之后就要对其进行分配。在传统会计体系中，环境成本通常被归集在“制造费用”账户中，会计人员简单采用诸如直接人工、机器工时等分配标准，将其分配到不同的产品中。由于环境成本的发生与分配标准之间缺乏直接的因果关系，结果导致环境成本信息的扭曲，使企业做出错误的决策。

作业成本法是成本管理会计中采用的，按作业对成本进行归集，并按成本动因将成本分配到有关的产品或流程上的方法。应用作业成本法对环境成本进行分配，能更好地使环境成本与产生这些成本的作业相联系，有助于企业采取减少环境影响和预防污染的决策。

4.5.1.2　确定成本动因

企业确定了哪些项目作为环境成本后，要对产生这些成本的作业进行分析，以选择适当的成本动因。作业成本法所选的成本动因应紧密地与实际的环境成本相关联，在实务中主要有以下四组成本动因用于处理环境成本问题：所处理的废弃物或排放物的排放量；所处理的放射物与废弃物的毒性程度；所处理的放射物增加的环境影响（排放量×每单位排放量的影响）；处理不同种类放射物所产生的相关成本。在企业实践中，一种方法是基于每个成本对象产生的有害废弃物量来分配环境成本，如每小时处理量、每单位产出量所产生的废弃物量、每机器工作小时的排放量。另一种方法是根据所处理的排放物所增加的潜在环境影响来分配成本。增量环境影响可用排放物的毒性程度乘以排放量得到，但是，这种成本动因有时并不适用，因为处理成本不总是与增量环境影响相关。因此成本动因的选择必须视特定情形而定，应直接估计各种不同的排放物所产生的成本，合适的成本动因取决于所处理的或防治的排放物的多样性与种类。成本动因的确定应能反映某项作业实际产生的成本，表4-4列出与处理危险废物作业有关的环境成本和成本动因[138]。

表 4-4　作业、环境成本与成本动因示例

作业	为符合法律要求发生的环境成本	环境成本与作业关系（成本动因）
产生的危害废物	（1）获得排放许可证的费用	（1）单位废物中有害物质的含量
	（2）对废物进行检查和监测费用	（2）每个产品的废物数量
	（3）向环保部门报告的成本	（3）单位废物中有害物质的含量
	（4）填表和记录的成本	（4）单位废物中有害物质的含量
	（5）员工培训费用	（5）接受培训的员工数量
	（6）处置废物前的存储成本	（6）单位废物中有害物质的含量
	（7）危害废物的运输和处理费用	（7）废物量
	（8）紧急应变措施的成本	（8）产生废物的流程数量

资料来源：李秉祥[138]。

作业成本计算所确定的环境成本，要与企业的全面质量管理、环境设计、作业成本管理相联系，才能为决策发挥作用。

4.5.1.3　作业成本计算法案例[137]

雷迪公司生产两种产品 A 和 B，产品 A 的产量大，不产生污染；产品 B 的产量小并产生大量的有害废弃物。产品 A 和产品 B 的年销售收入分别为 200000 元和 50000 元。每生产一个产品 A 和产品 B 均需要 3 个直接人工小时，公司每年的直接人工总数是 750000 小时（产品 A 和产品 B 的产量共计 250000 个单位），每小时人工的成本是 20 元，即单位产品 A 和产品 B 的直接人工是 60 元，直接材料成本分别为 100 元和 80 元。该公司的制造费用见表 4-5。尽管每一个产品的直接人工相同，但产品 B 因为其设计的复杂性需要更频繁的机器装卸和质量检验，而且产品 B 是小规模生产，因此需要相对多的生产订单。产品 A 和 B 分别由 6 个和 4 个部件组成，该公司分析了其生产操作过程并确定了产生制造费用的成本动因（一系列作业）。表 4-6 显示了作业成本计算法下的制造费用分配率。单位层次、批层次和产

表 4-5 雷迪公司制造费用（按作业分类） （万元）

作业		成本动因	制造费用	
单位层次	机器成本	耗用的机器小时	240	合计 380
	能源	耗用的机器小时	100	
	有害废弃物处置成本	只有 B 产品产生	40	
批层次	检验	质量检验次数	120	合计 495
	材料搬运	生产订单数	145	
	支持服务	机器安装次数	180	
	废弃物处理	只有 B 产品产生	30	
	环境报告要求	只有 B 产品产生	20	
产品层次	研发费与零件维修	零部件数量	211	合计 461
	环境报告要求	只有 B 产品产生	20	
	环境监测	只有 B 产品产生	50	
	废弃物现场处理成本	只有 B 产品产生	100	
	填埋场处理成本	只有 B 产品产生	80	
设施层次	厂地维护	价值增加百分比	200	合计 389
	建筑物与地面	价值增加百分比	100	
	供热与照明	价值增加百分比	60	
	环境标准	价值增加百分比	29	
制造费用总计				1725

表 4-6 制造费用分配率

作业		成本/万元	事件数量	每一事件分配率
单位层次	机器成本	240	20000	120 元/机器小时
	能源	100	20000	50 元/机器小时
批层次	检验	120	2500	480 元/检验
	材料搬运	145	500	2900 元/定单
	支持服务	180	1500	1200 元/安装
产品层次	研发费与零件维修	211	10	211000 元/零部件

品层次的环境支出仅仅与产品 B 相关，应全部分配至产品 B。设施层次的环境标准支出假设与安置在制造设施的烟囱上的污染控制设备有关，该烟囱为整个工厂的生产通风服务，因此他们与产品 A 产品 B 同时有关，这些成本按同样的分配基础（增加值的百分比）进行分配。表 4-7 显示在作业成本法下产品 A 和产品 B 的单位生产成本，可见，环境成本的分配使得产品 B 的单位生产成本比产品 A 的要大，因为环境成本分配给了引起这些环境成本发生的 B 产品。由于该公司的环境成本总计为 369 万元（包括：单位层次的有害废弃物处置成本 40 万元；批层次的废弃物处理 30 万元，环境报告要求 20 万元；产品层次的环境报告要求 20 万元，环境监测 50 万元，废弃物现场处理成本 100 万元，填埋场处理成本 80 万元；设施层次的环境标准成本支出 29 万元），占制造费用总额的 21%（3690000/17250000），因此正确确认与分配环境成本是必要的。

表 4-7 作业成本法下产品 A 与产品 B 的生产成本

制造费用		产品 A		产品 B	
		事件数	总量/万元	事件数	总量/万元
单位层次	机器成本	15000	180	5000	60
	能源成本	15000	75	5000	25
	废弃物处置成本				40
批层次	检　验	1000	48	1500	72
	材料搬运	300	87	200	58
	支持服务	1000	120	500	60
	废弃物处理				30
	环境报告要求				20
产品层次	研发费与零件维修	6	126.6	4	84.4
	环境报告要求				20
	环境监测				50
	废弃物现场处理成本				100
	填埋场处理成本				80

续表 4-7

制造费用		产品 A		产品 B	
		事件数	总量/万元	事件数	总量/万元
	小 计		636.6		699.4
设施层次	成本总计/万元 389				
	价值增加百分比：				
	A 产品：47.6%		185.164		
	B 产品：52.4%				203.836
	制造费用总额		821.764		903.236
	产 量		20		5
	单位产品制造费用		41.09 元		180.65 元
	单位产品直接材料		100 元		80 元
	单位产品直接人工		60 元		60 元
	单位产品生产成本		201.9 元		320.65 元

表 4-7 列出了使用作业成本法分配成本于产品的重要性，表 4-8 列出了使用传统直接人工小时分配法下的产品成本，产品 A 与产品 B 的单位成本分别是 229 元和 209 元，根据直接人工小时分配，产品 A 相比在 ABC 方法下多吸收了[(69 - 41.09)/41.09] × 100% = 68% 的制造费用，相反产品 B 使用直接人工小时为分配基础，则比用 ABC 方法时少吸收了[(180.65 - 69)/180.65] × 100% = 62% 的制造费用。用直接人工小时分配，产品 A 比产品 B 分配了更多的制造费用，ABC 法得出的结果相反。某产品引发的环境成本在传统的直接人工小时分配法下会产生错误的产品成本信息，实际上与特定产品有关的环境成本要求在更广的范围内使用 ABC 法来分配，

如产量、机器安装、产品订单、质量检验及零部件的数量等。

表 4-8 使用直接人工小时分配的产品成本

项　目	产品 A	产品 B
单位产品制造费用 制造费用分配率： 17250000/750000 = 23（元/人工小时） 单位 A 和 B 产品分别需要 3 个人工小时	3 × 23 = 69	3 × 23 = 69
单位产品直接材料	100	80
单位产品直接人工	60	60
单位产品生产成本	229	209

作业成本计算可以正确地分配环境成本，通过揭示引发环境成本的作业和成本动因，管理会计人员可以为工程师、生产人员、营销人员及其他人员提供相关的信息；通过分析环境作业，可以知道哪些作业是增加价值的，尽可能消除不增加价值的作业。因为产品在生产过程中所引致的环境作业和环境成本，目前人们不容易准确的计量，导致作业成本法在企业中的普及尚存在困难[139]。

4.5.2 产品生命周期分析

4.5.2.1 产品生命周期分析的内涵

产品生命周期分析（Life Cycle Analysis，LCA）[140]就是运用系统的观点，根据产品待分析或评估目标，对产品生命周期的各个阶段进行详细的分析或评估，从而获得产品相关信息的总体情况，为产品性能的改进提供完整、准确的信息。将产品生命周期分析运用到环境成本控制之中的目的在于将对环境施加的负面影响减小到最低限度。产品生命周期分析作为一种环境影响评估体系，通常包含五个部分：（1）核算环境成本。对某种产品或作业在整个生命周期阶段对环境的影响进行成本核算；（2）设定目标范围，识别产品或作业的主要环境影响以及这些影响表现在生命周期的哪些阶段；（3）环境清单分析，对产品或作业生命周期内的所有能源投入和废弃物排放进行分析；（4）环境影响分析，对上述清单中的能源投入和废弃物排放对环境的影响进行成本和效益分析；（5）产品（作业）改进分析，确定了产品或作业最重要的潜在环境影响以后，通过重新设计生产或工艺流程等方式，减少甚至消除产品或作业对环境的不利影响。德国要求在其境内销售产品的公司回收其包装物，这种做法把处置产品和元件的成本转移到生产商身上，延伸了生产者的责任。企业必须对寿命周期终了的废弃物处置成本进行确定、分配并计算，以保证产品在使用期满后，选择对环境影响最小的处置方式。寿命周期成本分析明确了企业环境成本计量的会计主体和会计期间，对于实现整体的竞争优势具有重要作用[141]。

4.5.2.2 产品生命周期分析案例[61,167]

表4-9列示了日本的各种饮料瓶在其生命周期各个阶段的能量消耗值，由表中数据可以分析出某种饮料瓶在哪个阶段上的能耗最高，如铝制和钢制容器，在运输过程中所消耗的能量较小，但对原材料所消耗的能量较大；玻璃瓶对原材料的能耗较小，但运输能耗较高。运用产品生命周期分析法使企业管理者从环境成本控制的角度指出了应该改进的方向。

表 4-9 由生命周期分析法计算的饮料瓶所消耗的能量（J）

容器种类（容积）	铝易拉罐（350mL）	钢易拉罐（350mL）	聚酯瓶（1500mL）	纸制容器（1000mL）	玻璃瓶（633mL）
材料能耗	5701.42×10^6	3235.33×10^6	7553.38×10^6	2341.31×10^6	1101.55×10^6
制造能耗	274.63×10^6	332.36×10^6	1893.34×10^6	101.13×10^6	530.43×10^6
运输能耗	1321.45×10^6	1321.45×10^6	2851.19×10^6	432.48×10^6	1809.54×10^6
回收能耗	-1007.3×10^6	-139.18×10^6	22.56×10^6	-10.17×10^6	-416.87×10^6
洗瓶能耗	0	0	0	0	574.68×10^6
冷藏能耗	0	0	0	1231.89×10^6	0
其他能耗	102.76×10^6	102.76×10^6	701.21×10^6	479.78×10^6	1465.42×10^6
总能耗	6392.98×10^6	4852.72×10^6	13022.13×10^6	4576.42×10^6	5064.75×10^6
每升总能耗	18.27×10^6	13.88×10^6	8.618×10^6	4.576×10^6	8.001×10^6

资料来源：徐玖平[61,167]。

4.5.3 完全成本会计

加拿大特许会计师协会（CICA）将完全成本会计（Full Cost Accounting，FCA）[142]定义为“将与企业的经营、产品或劳物对环境产生的影响有关的内部成本和外部成本综合起来的方法”。完全成本会计作为一种全新的成本会计架构，不仅考虑企业的内部环境成本，而且还考虑由企业的活动引起的但是由其他主体承担的外部成本。从环境角度和企业的利益相关者的角度来看，完全成本会计核算的内容主要包括：某一企业在生产经营、提供产品或劳务的过程中，所发生的所有内部环境成本（包括已分配到产品上和未分配而作为费用处理的部分），以及由本企业的活动所产生的但是由本企业以外的其他主体承担的外部成本。企业应该承担的外部成本目前还无法准确计量，完全成本会计法要求，只要有可能，就要对外部成本用货币指标和非货币指标进行计量。完全成本会计最大的特点就是对企业的环境总成本进行核算。

4.5.3.1 完全成本会计对内部环境成本的确认和计量

完全成本会计对内部环境成本的确认、计量和分配，通常不依赖现行的会计系统，而是采用作业成本计算法、产品寿命周期分析等方法，以避免因采用传统的管理会计方法所造成的环境成本数据不够准确。

4.5.3.2 完全成本会计对外部环境成本的确认和计量❶

对与污染有关的环境影响的外部成本的计量，主要有两种方法：控制成本法和损害函数法。

（1）控制成本法。指企业在实行或不实行污染控制措施后，今后若干年生产成本现值的差异。控制成本法计算出将污染控制在既定标准下的环境控制技术的安装、运行和维护成本，并以此数据作为环境损害成本。

（2）损害函数法。通过模型技术和经济计价方法来估计从特定地方产生的一个或多个污染物造成的损害的实际成本。

通过“三废+噪声”污染物的成本库建立环境损害成本的计量模型[143]。

A 废气、废液污染物的治理成本计量模型

废气、废液污染物的治理成本，与其排放的体积及浓度有关。设定某一污染浓度下的单位体积生态环境损害成本为 C_{P_0}，对于浓度不同的废气和废液污染物，按照标准浓度进行折算。

在单一污染要素情况下，环境成本为：

---

❶ 参见郭晓梅著《环境管理会计研究》［M］. 厦门：厦门大学出版社，2003：94~101。

$$C_p = 0(P \leqslant P_0);\text{或} C_p = P/P_0 \times V \times C_{P_0}(P > P_0) \quad (4\text{-}1)$$

式中 P——污染物的浓度；

P_0——污染物的基准浓度；

C_{P_0}——污染物在基准浓度 P_0 下的单位体积环境损害成本；

V——污染物的体积。

对于基准浓度下的单位体积污染物的生态环境损害成本 C_{P_0} 可以参考有关环保损失数据测定。

在多污染要素的情况下，采用加权法或权重法，分别计算不同污染要素的生态环境损害成本。其计量模型为：

$$C = \sum C_p \times \lambda_P \quad (4\text{-}2)$$

式中 C_p——单一污染物的环境成本；

λ_P——污染物 P 的折算比率。

B 固体废物污染治理成本计量模型

企业主要以填埋和焚烧的方式处理固体废弃物，为此企业会发生固体废弃物的处置成本，相关环境成本为：

$$C = C_d + q \times f \quad (4\text{-}3)$$

式中 C_d——固体废弃物处理的设备折旧成本；

q——固体废弃物的体积；

f——固体废弃物单位体积的处理成本。

C 噪声污染治理成本的计算

对于噪声污染的治理成本，主要包括降低噪声污染的措施成本支出，如减震装置、隔音装置、吸声装置等，这一部分在过程控制活动中计算；此外还包括噪声对人的危害。

D 三废和噪声等环境污染物对人体健康的影响成本

环境污染对人体健康的影响通常采用人力资本法来评价。

该方法只计算因环境质量脱离环境标准而导致的医疗费开支的变化，以及因为劳动者生病或死亡的提前或推迟而导致个人收入的减少或增加。前者相当于因环境质量脱离环境标准而增加或减少的病人人数与每个病人的平均治疗费（按照不同病症加权计算）的乘积；后者相当于环境质量脱离标准对劳动者预期寿命和工作年限的影响与劳动者预期收入（扣除来自非人力资本的收入）的现值的乘积。公式如下[144]：

$$C_n = [P \times (L_i - L_{oi}) \times T_i + Y_i \times (L_i - L_{oi}) + P \times (L_i - L_{oi}) \times H_i] \times M \quad (4\text{-}4)$$

式中 P——人力资本（取人均平均值），元/(年·人)；

M——污染覆盖区内的人口数（如100万人）；

T_i——第 i 种疾病患者耽误的劳动时间，年；

H_i——第 i 种疾病患者的陪床人员平均误工时间，年；

Y_i——第 i 种疾病患者平均医疗护理费用，元/人；

L_i——评估区第 i 种疾病发病率，人/100万人；

L_{oi}——符合环境标准区第 i 种疾病发病率，人/100万人。

4.5.3.3 完全成本会计案例[1]

加拿大安大略水电厂（Ontario Hydro）是加拿大第一家公布环境报告的企业，该公司把追求可持续发展作为长期战略。1993年该公司成立了可持续能源开发工作组，下设完全成本会

---

[1] 该案例根据郭晓梅著《环境管理会计研究》［M］．厦门：厦门大学出版社，2003：99～101；Stefan Schaltegger，Roger Burritt 著、肖华，李建发主译．现代环境会计问题、概念与实务［M］．大连：东北财经大学出版社，2004：74～75；USEPA，Full Cost Accounting for Decision Making at Ontario Hydro：a Case Study，1996，31～32. 资料整理。安大略水电厂（Ontario Hydro）在日益重视商业机密的过程中已经停止了完全成本会计的使用（EPA，1998：310），但他们的完全成本实验现在看来仍然有参考价值。

计小组以改进环境成本管理，实现环境目标和公司的可持续发展。该公司将完全成本会计定义为：将环境因素包括在决策中的一种手段。完全成本会计包括了环境和其他内部成本，以及该公司的活动对环境和人类健康所造成的外部成本。对于外部成本的计量尽量采用货币性指标，当确实无法用货币性指标计量时再考虑使用定性分析方法。

该公司利用环境支出指南和经验，对内部环境成本确认和分配。通过分析内部环境成本并确定成本动因，对内部环境成本进行合理分配，确定出管理环境成本的机会和风险。如酸性气体管理中，NO_x 的改进成本指为降低 NO_x 的排放而对设备和生产工艺流程进行改良的有关成本，这些成本全部视为环境成本。

该公司积极对外部环境成本进行研究，使用损害函数法计量外部环境成本。应用环境模型方法，合理估计排放物的化学变化、可能受影响的受体等因素，从而确定物理影响；应用经济计量模型将这些物理影响货币化。表 4-10 列出了加拿大安大略公司矿物燃料发电的外部环境成本。

表 4-10　Ontario Hydro 公司矿物燃料发电的外部环境成本

受　体	污染物	单位价值/加元	货币化的影响	
			合计(1992 年)/百万加元·a^{-1}	分·$(kW\cdot h)^{-1}$
死亡率(统计死亡数)	SO_2,SO_4,O_3,NO_3	4725600	21.40	0.088
发病率(住院数)	总的悬浮颗粒(TSP)	44700	50.83	0.210
癌症案例	微量金属	408397	9.53	0.039
农作物	O_3	没有获得	8.32	0.034
建筑材料	SO_2	没有获得	5.7	0.024
合　计			95.78	0.395

表4-10列出了可能的污染物对五种不同受体的环境影响成本，其年损害成本以1992年的加元表示为每年95.79百万，每生产1kW·h的电力，就会产生0.395分的外部环境成本。

随着政府颁布的环保法规的日益完善，企业产生的一些外部环境成本在政府的强制执行下将以税收、罚款、处罚等方式得以内部化。企业在决策中考虑外部环境成本，将有助于在战略竞争中获取主动。完全成本会计的实施可以帮助企业有效地进行环境成本控制。

4.6 生产者责任延伸制度下企业环境成本控制体系的建立

4.6.1 建立环境成本控制中心

在生产者责任延伸制度下，企业对环境成本的控制要贯彻全局的观念，建立环境成本控制中心，对环境成本的控制实施责任控制。环境成本控制中心要协调企业内部各管理部门和技术部门的关系，形成对环境成本实施控制和管理的团队合力。通过对各部门有害于环境的行为实施监控，将那些生产者主体不可控的环境成本纳入可控的范围之内，在投资决策时考虑或有环境负债，通过对环境成本实施整体规划和控制，提高环境管理效益，将有损于环境的无效环境管理行为遏制于萌芽之中。

4.6.2 制定环境成本控制标准

环境成本控制标准的制定是实施环境成本控制的前提条件和基本手段，管理标准的制定要有利于企业可持续发展和经营目标的实现，能充分反映生产者责任延伸制度下企业进行环境成本控制预期要求和希望达到的管理目标。生产者责任延伸制度要求，环境成本控制标准的制定应在遵守国家相关环境标准的前提下，结合生产者的实际情况，从全局出发，参照同行业的先进标准，采用相应的管理方法确定环境成本控制标准。

4.6.3　实施环境成本控制措施

首先，企业应建立各组织层次的环境成本责任中心。为了使每个环境成本责任中心能对自己的环境责任负责，要确定十分明确的责任者能够控制的环境责任范围，这个责任范围就是责任中心。环境成本责任中心应该按照控制范围的大小、承担的经济责任以及上级赋予的管理权限来设置。环境成本责任中心编制的环境成本责任预算为各个责任中心确定了一个可以衡量的目标，这样就能预防各部门有害环境的管理行为的发生[145]。

其次，建立和健全环境成本信息跟踪报告系统，加强日常控制。环境成本责任中心一经确定，就要按照责任中心建立健全相应的一套完整的日常记录，计算和积累有关环境责任执行情况的信息跟踪反馈系统，并定期编制环境责任报告，分析环境成本预算执行差异发生的原因，及时控制和调节企业的日常经营活动，并促使责任者迅速采取有效措施加以改正。

再次，评价和考核环境业绩。通过对各个环境成本责任中心的环境成本实际数额与预算数额的对比和差异分析，来评价和考核各个环境成本责任中心的环境业绩。通过奖惩制度，根据环境业绩的好坏，奖优罚劣，保证环境责任制的贯彻执行。

4.6.4　完善环境成本控制的保障措施

首先，不断完善环境法律法规体系及环保标准，制定可操作性的环境会计准则、指南等，明确在生产者责任延伸制度下，企业对环境成本控制和决策的责任义务。其次，加强政府环境保护部门对企业的指导监督，为企业实施环境成本控制措施提供保障机制。在生产者责任延伸制度下，环境成本责任中心和企业管理、财务部门等协同合作，共同负责环境成本的预测、预算编制、计量和控制。具体的职责控制流程如图 4-1 所示。

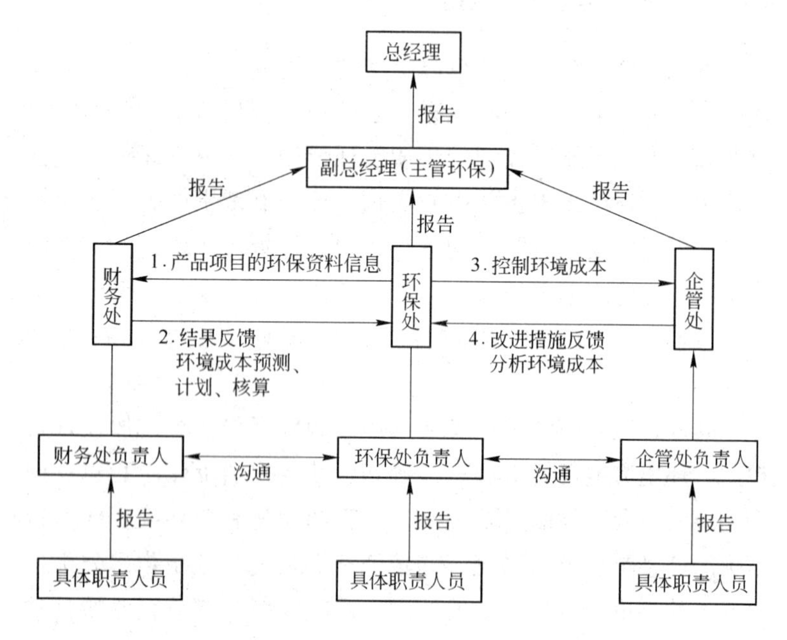

图 4-1 企业内部环境管理实施

在生产者责任延伸制度下，企业的各有关部门和环境责任人合作，做到事前预算、事中核算与控制、事后分析处理，就能降低环境成本，赢得绿色竞争优势。

5 生产者责任延伸制度下企业环境成本控制的现实选择

生产者责任延伸制度改变了先污染后治理的模式，强调从“末端治理”向“源头控制”的转变，明确了生产者对废弃物管理的责任，激励企业利用各种手段进行产品绿色设计、开发绿色产品和绿色工艺，对环境成本的控制扩展到事前、事中、事后的全过程。其结果是一方面促使企业减少进入生产和消费过程的物质和能量，从生产到消费的全过程不产生或少产生废弃物，从源头上减少废弃物的产生；另一方面使废弃物更容易被回收利用和安全处置，利于对废弃产品的“再利用”和“再循环”。在生产者责任延伸制度下，资本追逐利润的本性，成为发展循环经济最有力的推动力量。

5.1 企业环境成本控制的事前规划：产品工艺生态设计

5.1.1 产品工艺生态设计体现了生产者的行为责任

延伸的生产者行为责任要求生产者采取行动，使产品在消费后易于以环境友好的方式进行回收和处理，并承担回收处理责任。产品生态工艺设计诠释了生产者的行为责任。

产品工艺生态设计（Eco-design）[146]是20世纪90年代初荷兰公共机关和联合国环境规划署（UNEP）提出的一个环境管理

领域的新概念，它融合了经济、环境、管理和生态学等多学科理论，是推行循环经济发展模式的有效途径。产品工艺生态设计是指将环境因素纳入产品工艺设计之中，以改善产品在整个生命周期内的环境性能，降低环境影响，实现从源头上预防污染的目的。

产品工艺设计阶段是产品形成的最原始阶段，决定着在产品工艺的生命周期内，产品工艺是否会对环境产生影响、产生哪些及多大影响。如果产品生产出来或进入市场后再试图改变设计或降低其环境影响，由于成本高昂而几乎成为不可能，因此，产品工艺设计阶段是改善环境性能的重要阶段。在产品工艺设计阶段就确定了产品工艺选用的材料并基本决定了产品工艺的环境绩效，从而决定了产品工艺整个生命周期 80% 的经济成本和环境影响，因此，也就成为最为关键的阶段。产品工艺生态设计是一种重要的污染预防措施，也是我们推行的生产者责任延伸制度下企业加强环境成本控制的重要举措。

产品工艺生态设计从产品工艺的资源阶段就开始控制产品工艺对环境的不利影响，不仅是一种前瞻性的环境成本控制方式，而且优化并降低环境成本，进而实现降低环境负荷、获得环保收益的控制目标。

由于设计决定了产品工艺从制造开发到报废所有阶段的生态相关特性，企业从一开始就应该按照生态原则设计产品工艺，所以企业负担的整体环境成本也会减少。一般在生态设计时应按照以下步骤进行：第一，详细地研究和描述所需要的服务。第二，寻求满足服务和需求的多种方法。第三，对所提出的方法进行对比评估，并选择对环境影响最少，可实现大规模生产，具有生态兼容性的产品工艺。第四，执行被选中的优化方案。设计后的产品工艺应达到以下标准：用户在使用产品时不产生污染或只有微小污染，其废弃物很少；可以最大限度地利用材料资源，产品工艺的材料使用量少，同时材料的可回收利用率高，废弃后不会对环境产生污染；最大限度地节约能源，使产品工艺在其寿命周期的各个环节所消耗的能源最少[147]。

产品工艺生态设计理念纳入了环境保护的预防思想，它与传统的产品工艺设计理念有所不同，其区别主要为：首先，成本关注的重点不同。传统设计对成本的关注仅限于生产制造成本；产品工艺生态设计关注的是产品工艺生命周期成本，其范围要比传统成本更广。其次，适应环境的方式不同。传统设计是被动的适应环境，只考虑产品工艺生产和废弃后造成环境污染的治理问题；产品工艺生态设计则是积极主动的适应环境，考虑产品工艺在整个生命周期内对环境的影响，并积极预防环境污染，力图将污染消灭在其产生的源头。再次，追求的目标不同。传统设计追求企业内部经济效益的最大化，很少考虑环境效益；而产品工艺生态设计追求环境效益与经济效益和社会效益的共赢。产品工艺生态设计的目的是要在可持续的过程中追求生命周期环境影响的最小化，并积极主动的适应环境。这种污染预防的设计方式，其环境成本显然比传统设计的先污染、后治理的要少。实践表明，产品工艺生态设计可以减少产品30%～50%的环境负荷[148]。因此，产品工艺生态设计符合生产者责任延伸制度的要求。

5.1.2　产品工艺生态设计的环境成本效益分析

产品工艺生态设计对环境成本的影响，在于它考虑的是产品工艺生命周期各个阶段发生的环境成本的总和，这些环境成本可以分为内部环境成本和外部环境成本。传统设计很少考虑内部环境成本，更不重视外部环境成本，致使环境污染严重。随着国家法律法规的不断完善、生产者责任延伸制度的执行，必将对企业污染环境的行为进行严惩，企业目前不需支付的外部环境成本最终会“内部化”，企业有必要从生命周期环境成本的角度，充分考虑企业生产的全过程中对环境的影响，使产品工艺对生态环境的损害最小，最终实现生命周期内部环境成本和外部环境成本之和的最小化。

产品工艺生态设计不仅要考虑企业生产中的环境影响，还要考虑产品工艺在使用、消费、废弃阶段的环境影响，这样的设计增加企业的成本负担，使产品价格上涨。因为传统的设计仅考虑在满足产品使用功能的前提下尽可能减少生产成本，产品工艺生态设计不仅考虑产品工艺使用功能还要考虑环保功能，导致成本增加，在一定程度上造成了环保与利润的冲突。产品工艺生态设计是对企业环境成本的整体事前规划，我们可以采用机会成本的方法来评价产品生态设计中的环境成本效益[149]。

（1）产品工艺生态设计的预防费用与不采用产品工艺生态设计的先污染后治理模式的成本的节约额。环境成本控制符合典型的“1-10-100”法则[150]，即如果环境问题在产品设计生产阶段解决，则只需付出1份的代价；如果在企业内部解决（比如购入治污设备治理污染），则需付出10份的代价；如果在企业外部解决（比如缴纳污染罚款、赔偿），这时企业将付出100份的代价。可见采用产品工艺生态设计的预防成本比先污染后治理模式所支付的环境成本要少得多，该节约额可作为一项机会收益。

（2）政府对污染企业的经济惩罚的节约额和对污染治理企业的各种经济政策优惠。实施产品工艺生态设计，其可能的收益有：过去缴纳的排污费、罚款和赔偿的减少额；利用“三废”生产产品所享受的税收减免；从国有银行或环保机关取得的低息或无息贷款而节约的利息支出；由于采取污染控制措施，从政府获得的财政补助或价格补贴；在推行排污总量控制和排污权交易的地区，企业可出售自己结余下来的排污权所取得的收入等。这些收益可以作为产品工艺生态设计的机会收益。

（3）产品工艺生态设计使企业树立起绿色的品牌形象，其产品工艺的绿色性有利于扩大市场占有率，增加销售收入。产品工艺生态设计中一个重要的特征就是降低了客户在使用或废弃产品过程中的环境成本，这就能吸引顾客购买这种具有一定经济实惠并且环保无害的产品。

（4）产品工艺生态设计有助于企业达到国际标准化组织颁布的 ISO 14000 系列环境管理体系标准，使企业打开国际市场，扩大产品销售渠道。相对于企业没有达到该标准而游离于国际市场之外而言，这部分增加的国际业务收入可以作为企业的机会收益。

5.1.3 产品工艺生态设计的主要环节

5.1.3.1 材料采购环节的生态设计：绿色采购

A 绿色采购体现了生产者的管理责任

随着环境问题越来越突出，对于采购部门来讲，也必须考虑采购活动可能对环境和社会造成的负面影响。在20 世纪90 年代，美国市场上对于环境友好型产品的采购每年超过 2000 亿美元[151]。

随着 ISO 14000 标准的引入，企业的环境意识大大增强。ISO 14000 标准为衡量企业的环境表现提供了全面的评估，并引导企业管理者实行全面产品生命周期环境影响分析和采购带有生态标签的产品。

Craig R. Carter 和 Joseph Carterre 认为绿色采购（green purchasing）是为了推动回收、重复使用和资源的减量使用，采购部门参与供应链管理的各种行动[152]。Zsidisin Siferd 认为一个企业实施绿色采购就是要在充分考虑对环境影响的前提下制订一套采购原则、方法和程序，这些方法包括：对供应商进行评估、选择并建立起长期的合作关系，使用绿色包装，实现资源再循环、再利用，减少对能源的消耗，对公司产品使用后形成的废弃物进行处理[153]。朱庆华和耿勇认为绿色采购是企业内部各个部门协商决策，在采购行为中考虑环境因素，通过减少材料使用成本、末端处理成本，保护资源和提高企业声誉等方式提高企业绩效[154]。上述各学者对于绿色采购的定义大多是从企业的角度出发的。

原材料供应是产品工艺生态设计的源头，必须严格控制源头的污染。对于资源阶段的采购环节，应采购绿色材料。绿色材料是指生产过程中能耗低、噪声小、无毒性并对环境无害的材料和材料制成品。

绿色采购是企业实施生态设计的重要举措。绿色采购选用绿色原材料、生产采用绿色工艺，污染物消除或消减在采购过程中，减少固体废物和大气污染物排放量，产品在整个生命周期内对环境的污染达到最小。

绿色采购实现的关键步骤是供应商的选择。目前供应商评价的主要标准包括：环境报告的公开披露；二级供应商的环境影响评价；有害物质和废弃物排放；禁用物质的使用；ISO 14001 认证；清洁生产实施情况；资源使用效率；产品和包装的环境友好性等。企业对供应商进行评价以后，可以把供应商分为几个级别，对于不同级别的供应商制定不同的采购数量和政策。

B　案例：一汽锡柴的绿色采购❶

一汽解放汽车有限公司无锡柴油机厂（下称“锡柴”）属

---

❶ 根据陈燕，过昕．同向·同心·同盟·同赢：构筑绿色采购体系［J］．商用汽车，2007(1)：111～112．和 http：//www.wxdew.com 等资料整理。

国家大型一类制造企业，国家重点高新技术企业。始建于1943年，1992年加入一汽集团，1993年进入一汽核心层，更名为“中国第一汽车集团公司无锡柴油机厂”。2003年，一汽组建成立“一汽解放汽车有限公司”，成为隶属解放公司的专业化分厂。企业现占地面积50多万平方米，拥有净资产8.36亿元，无形资产价值71.89亿元，现有员工2800多人。主要产品为X，K，F，L，N五大系列柴油机，功率覆盖范围80～460马力。工厂具有年产10000辆改装汽车和5000辆底盘的生产能力，拥有国家公安部和国家技术监督总局核准的汽车安全环保性能检测线。已成为一汽在华东地区车用柴油机的研制、开发、生产基地和改装车生产基地。锡柴始终通过努力建设企业文化，创造良好的内部生态环境，提高企业的竞争力。通过不断提升企业文化，营造良好的外部生存环境，赢得用户的满意，供应商的认同，社会的尊敬。通过持续创新企业文化，拓展广阔的企业生存空间，提高一汽锡柴的企业形象，员工队伍形象，品牌形象。

目前，该公司实施了绿色采购，从环境优化与和谐上、从可持续发展目标上打造绿色采购体系，重视社会责任，建设节能、环保企业，追求经济与环保的高度平衡，最大限度减轻柴油机对环境的影响。与供应商携手关注环保，凸显合作共赢的理念。锡柴质量追溯系统已正式运行，使产品的唯一追溯件、供应商追溯件都有据可查。2007年锡柴通过强化资源综合能力的监控评价，对供应商的8种保证能力水平和5项指标实绩进行统计、打分，把此两项的综合得分作为主要指标，对同类采购件供应商排出名次，坚决淘汰产品质量、质保能力不能满足锡柴标准的供应商。锡柴还根据公司的ISO/TS 16949质量体系文件的《供方选择、评价和监控程序》规定要求，对供应商的8种保证能力和5项质量指标，结合PPAP（Production Part Approval Process）审核，对零部件开发、工艺、生产和质量控制能力等方面进行全面评审，所有零部件都要提交 PPAP 评审材料，经过评审要确认出供应商是否已具备批量生产能力和质量保证能力。

企业进行了《2006 年度质量评定和质量认证的通报》，淘汰了 5 家不符合标准的供应商。锡柴为保证供方所供产品质量能满足需方生产精品机和最终用户的需要，达到“产品零缺陷、用户零抱怨”的质量目标，还签订了《采购件质量保证协议》。对 2006 年质量优秀、新产品开发成绩突出、配套供货及时、服务周全的 38 家供应商授予了最佳供应商、质量优秀奖、同步开发奖、配套优秀奖、服务优秀奖和质量攻关奖。供应商代表纷纷表示，要继续提供更优质的“绿色”零配件，与锡柴携手并进，共谋发展。

该案例也强调了对供应商进行管理的两个关键要素——沟通和激励。尽管一汽锡柴的经验未必适合于每一个行业，但是，与供应商保持交流与沟通，帮助供应商改善环保表现，进而实现企业绿色化采购是有效的。另外，对供应商的激励也使供应商有了改变的动力，在环境方面表现良好的供应商可以获得更多的订单。供应商自身也理解了良好环境表现所体现的长期价值，尽管从短期来看，一些非环保的材料和产品的价格低于环保产品。

5.1.3.2 产品生产环节的生态设计：绿色制造

A 绿色制造体现了生产者对环境成本进行控制的义务

制造过程将原材料转变为产成品的全过程可以看成是一个“资源—环境”复杂的输入输出系统。其输入端是资源的开采和利用，输出端是产品和废物，产品在使用后最终也成为废物弃置于环境中。输入端包括毛坯原材料、加工辅助材料（如刀具、切削液等）、能源（电能等）等，经过毛坯成形、零件机械加工、材料改性与处理装配调试等过程，生产出合格产品或零件，同时在生产过程中也会产生废品、副产品、废料等固体废弃物以及废气、废液、噪声、振动、辐射等排放物质，这些排放物质经过输出端进入环境中，可能对生态环境、人体健康、车间环境和生产安全等造成污染和危害[155]。要想提高制造过程经济效益和环境效益的双赢，必须做到该系统在输出满足要求的产品的同时，还应具有较少的输入和较高的输出，减少废弃物排放，使制造系统达到有效利用输入、优化输出的效果。

绿色制造，又称环境意识制造、面向环境的制造，是高效、清洁制造方法的开发及应用，以达到产品生态设计目标的要求。这些目标包括提高各种资源的转换效率、减少所产生的污染物类型和数量、材料的有效利用等[156]。该定义体现出一个基本观点，即制造系统中导致环境污染的根本原因是资源消耗和废弃物的产生，因而体现了资源和环境两者不可分割的关系。在绿色制造过程中需要考虑产品制造问题、环境保护问题和资源优化问题。绿色制造的目标是资源综合利用和环境保护，也体现了企业作为生产者对环境成本进行控制的责任和义务。

绿色制造包括 3 个部分的内容，即利用绿色材料和绿色能源，通过绿色的生产过程，生产出绿色的产品。前已述及，绿色材料是指生产过程中能耗低、噪声小、无毒性并对环境无害的材料和材料制成品。绿色能源指在产品生命周期全过程中尽量节约能源，使其得到最大限度的利用。绿色的生产过程是将绿色产品的构思转化为最终产品的所有过程的总和。绿色产品是对环境友好，得到相应的绿色标志认可的产品。

绿色制造的实现包括三条途径：首先，企业要从技术手段入手，为绿色制造的实施提供经济可行的方法，如绿色制造工艺技术和装备；其次，企业应转变观念，加强企业内部及与供应商的协调，提高整个供应链的绿色观念。

绿色制造是21世纪的制造业可持续发展模式，是解决制造业资源消耗和环境影响问题、实现生态环境恶化源头控制的根本方法和关键途径之一[157]。

B 案例：SMP的绿色制造❶

SMP（Simon Magnet Production Co. Ltd.）公司是一个生产永久性磁铁的香港公司。其生产的不同规格形状的磁铁，是各类电动机、特别是微型电动机的关键性部件，其产品全部由香港出口至其他各地。1995年SMP在中国江苏省丹阳市附近建厂。

SMP的生产以氧化铁粉为原材料，原材料全部外购，因原材料购自不同的供应商，质量不一致，所以SMP生产线的第一道工序是原料加工，即将粉状的原材料研磨到标准精度，这将直接影响到磁铁的性能、硬度和质量。随后，产品还要经过以下主要工序：打浆、成型、烘干、研磨、磁化、超高温烘干、再打磨。研磨工序是关键，在研磨过程中，因研磨工序的设施相对落后，设备中溢出的粉尘充满了整个车间，这就带来3项后果：第一，粉尘不但污染了车间，也污染了厂区，引起了社区的关注；第二，粉尘的清除不但耗费大量的人力、财力，而且清除的粉尘被当作废物倒掉，造成了资源的浪费；第三，粉尘严重影响了员工的身心健康，在工厂初建的前3年，因健康原因而导致的工人流失率高达20%。

在SMP的生产过程中，水是最大的生产性消耗资源。除打浆用水，90%以上的水资源用于打磨工序中的冷却及清洁，日

❶ 根据阎洪，任佩瑜．绿色生产的成本效益：SMP案例分析[J]．经济体制改革，2001(4):89~91．资料整理。

用水 3.5t 以上。在建厂初期的几年里，大量的废水直接带来两项负面后果：（1）含有大量氧化铁粉的污水大量排放，引起社区及当地政府的高度关注；（2）用水费用及排污费用迅速攀升。

另外，噪声是生产过程中的第三个重要的负面影响因素。在初道打磨工序中，砂轮与半成品之间急速摩擦而产生的噪声给员工的心理及生理都带来了极大的伤害，因而导致员工流失率也高达 15%。

上述三项生产过程中产生的环境问题，给公司带来了极大的困扰。作为当地一家有影响的境外独资企业，SMP 因环保问题引起了社区、政府及母公司的强烈关注。

SMP 在母公司的支持下制定了“可持续发展”计划，SMP 采用过程分析图（Production Line Blueprint）的方法，对全部生产过程进行了彻底的分析，找出其对环保产生影响的各关键点，对各点的问题提出对策并进行技术及经济两方面的分析。在此基础上，对全部生产线进行改造性投资。

在研磨工序上，SMP 主要提出了两项可行方案。方案一，采用全封闭式车间，另外在车间使用吸尘设备；方案二，更新设备，采用可自动回收粉尘的设备。两个方案都可以很好地解决粉尘对环境的污染问题。首先，分析投资额和年运行费用，方案一的投资额只是方案二投资额的 1/3，但是，方案一的运行费用（包括耗电、养护、折旧等）却比方案二高出近 10%。其次，根据设备制造商提供的数据，新设备可使回收的粉尘直接作为原材料再次投入使用。将两个方案的固定费用与运行费用比较后发现，方案二新设备的投资在约 3 个季度后就全部收回，此后，方案二的费用将低于方案一的费用。SMP 经过成本效益分析，实施了方案二。购进全新的设备后，首先，生产环境中的粉尘污染得到彻底解决。其次，由于新方案中对粉尘进行了全部回收并直接作为原材料投入生产，客观上对自然资源的浪费减到了最低，每天回收的原材料占当天原材料总量的1%。

为了减少水的用量，同时也减少污水的排放量，SMP设计了冷却及清洁用水的回收系统，大量的污水经过回收、沉淀净化后循环使用。结果SMP每日使用新水的用量降低了85%左右，而建设此循环系统的投资在一个生产季度便得以全部收回。并且，经过沉淀过程也回收了氧化铁粉，使之重新用于生产。此两项内容，不仅降低了对自然资源的浪费，而且在后来的生产过程中，还降低了生产成本。

为了降低生产过程中的噪音，SMP采取了两项措施。第一，改造设备，采用新的工艺，使得产品对打磨的要求有所降低，即每一次打磨的时间得以缩短，而且在打磨的工序上加装具有消音作用的防护罩，同时调整了冲洗冷却的水压，使得噪音得以降低；第二，为员工配备了消音耳罩等劳动保护措施。SMP还对车间加大了通风的手段，使员工不会因为天气炎热而拒绝使用这些劳动保护措施。经过一段时间的实践，公司发现，员工的士气得到提高，员工因不满生产环境条件而流失的情况得到了很大的改善，公司也避免了因大量培训新员工所发生的成本。同时员工因各种生产性污染而生病的情况也得到了极大改善，因而企业的劳动生产率得到了空前提高。

从SMP的绿色制造实践中，可以发现：企业通过系统科学的分析方法，对生产过程进行仔细分析，找出主要问题的关键点，进行必要的投资，不仅节约资源、降低企业的环境成本，而且可以为企业带来效益，并且这种效益是持续性的。进一步讲，公司的社会形象得以大幅度提高，使其在后来的商业竞争中处于有利地位。

5.1.3.3 产品销售环节的生态设计：绿色包装

作为商品附加值的包装物也面临环境污染问题，主要表现为人们在对包装物的生产和消费过程中对环境造成的外部不经济性，过度包装体现的尤为明显。

A 过度包装产生的外部不经济性分析[108]

a 包装生产带来的外部不经济性

（1）企业对商品过度包装需要消耗大量的资源（甚至是稀缺资源），每一个对商品过度包装的经济主体都可以从资源的利用开发中获得正效益，而由此产生的负效益（如对生态环境造成威胁和破坏）则由其他主体及后来者所承担。众多经济主体共同进行资源开发的结果，必然导致资源的枯竭，因此对商品过度包装就会带来巨大的外部成本。仅以衬衫的包装纸盒为例，据统计，每年全国平均生产衬衫 12 亿件，包装盒用纸量达 24 万 t，相当于砍掉了 168 万棵碗口粗的树木，而国家和后代为防治森林资源耗竭投入的巨大成本支出则没有包括在对衬衫过度包装的企业的成本中。目前已有成片森林变成了包装盒，过度包装使濒临枯竭的自然资源雪上加霜[158]。

（2）包装废弃物对企业的周边环境造成破坏和污染，又给整个社会带来巨大的外部成本。据环卫部门统计，北京市每年产生的 300 万 t 垃圾中，各种商品的包装物约为 83 万 t，其中 60 万 t 为可减少的过度包装物。我国的固体废弃物年产量高达 6 亿 t，其中只有 40% 能再利用，其余的难以处理，而废弃物中最主要、危害最普遍的就是包装垃圾。大量的包装废弃物在污染环境的同时也加大了社会处理垃圾的成本。可见，企业对商品过度包装的行为带来外部不经济性和巨大的外部成本，但是涉嫌的企业却不承担这一成本，外部性的存在使市场的调节作用失灵。

b 包装消费带来的外部不经济性

消费者消费包装的行为同样存在外部性问题。包装消费的外部经济性，指个人或集体的消费行为保护环境、友善环境的表现。如，人们购买、消费适量包装、绿色包装的商品，就会对保护资源和环境产生积极效应。包装消费的外部不经济性，指个人或集体的消费行为危害环境、危害他人的表现。如，消费、使用或处置商品包装时污染环境的行为、白色污染现象等都与消费不当有关。当消费者消费过度包装的商品时，该消费行为所带来的外部成本没有体现在消费支出中，因此，消费的外部不经济性将鼓励消费者消费更多的过度包装的商品，这也会滋生和诱发诸多的环境保护问题。以塑料袋的消费为例，普通对环境有污染的塑料袋的价格中一般都不包含环境治理费用，消费者大量使用成本较低的普通塑料袋来购买商品，他们通常会拒绝使用那些将环境治理费用包括到塑料袋成本中的、可以分解的、价格较高的环保型塑料袋购买商品。如果考虑到消费对生产的拉动作用，上述外部不经济性会更严重。在我国的包装业发展中，由于不计环境保护成本，一些浪费资源和污染环境的包装物因成本较低，在市场竞争中具有价格优势；而对环境少污染或无污染的绿色包装物则因价格普遍较高，在市场中处于竞争劣势，其原因就在于包装消费带来的外部不经济性。

B 绿色包装解决了包装产生的外部不经济性问题

绿色包装是与过度包装相对应的概念，指在商品包装设计和实施过程中突出考虑环境保护问题的包装。对企业而言，绿色包装应具备如下特点：第一，节约资源和能源；第二，易于回收和再循环利用；第三，包装废弃物能用各种方法加工成新能源或新材料，不产生二次污染；第四，包装废弃物可以在自然界降解不对环境造成污染。进行绿色包装设计，可以有效解决包装产生的外部不经济性问题，绿色包装设计要求商品包装无害自然环境与人类健康，企业在对包装物进行生态设计时应考虑以下方法：第一，绿色包装材料研发。研制开发无毒、无污染、可回收利用、可再生或可降解的包装材料。第二，包装材料回收利用技术开发。循环利用现有的包装废弃物，研究现有包装材料有害物质的控制技术和替代技术。第三，包装结构技术研发。优化包装结构，减少包装材料消耗，实现包装减量化。第四，包装废物回收处理技术研发。

班尼特和詹姆士（Bennet M.，Peter J.）教授[159]研究了Xerox有限公司进行包装生态设计的案例。其研究结论为：通过对包装供应链的环境成本计算与评价，为企业管理层提供改进的机会，通过对包装箱重新设计，使更多的可循环再生的包装物得到重新利用，节约了企业的环境成本。

5.1.3.4　产品回收处理环节的生态设计：资源回收和再利用

在弃置阶段，原材料的再循环和零部件的再利用即资源回收和再利用是回收处理环节的主要内容。施乐公司专门制定了一套产品回收流程，包括产品回收、分解、重新制造或者制造使用，从而截留了废弃产品中的大量潜在残余价值，为公司每年节约了近2亿美元[160]。

5.1.4　案例：HF发电的工艺流程生态设计

河北HF发电有限责任公司（简称HF发电）运用对工艺流程生态设计的方法对该公司的1号炉烟气进行脱硫技改，对于投入的技改设施和工艺水平进行事先规划管理，以控制企业的环境成本。

5.1.4.1　烟气脱硫的主要工艺

燃煤电厂是二氧化硫的主要排放源，以前HF发电机组产生的烟气以及其中的二氧化硫直接排放空中，机组通过燃用阳泉无烟煤和晋中地区贫煤这些中低硫煤控制二氧化硫的排放量。该发电厂随着二期工程的建设，电厂装机容量增大，烟气污染源比较集中，根据国家环保总局公布的《国家环境保护“十五”计划》及该市《城市空气环境质量达标规划》有关文件精神，一期工程必须建设脱硫设施或采取其他有效的治理措施。公司对这项工作十分重视，2003 年开展了脱硫方案的调研，确定了 1、2 号机组加装脱硫装置的计划，2004 年 4 月委托国电环境保护研究院进行了可行性研究，为了保证工程质量和进度，项目实施采用总承包方式，2005 年 2 月委托某公司组织进行 1 号炉脱硫技改的招标工作，以公开招标的形式确定了工程总承包单位和监理单位。工程总承包单位采用国际上脱硫效率最高、技术最成熟的湿式石灰石——石膏法全烟气脱硫工艺，吸收塔按一炉一塔布置，设计效率大于 95%，石膏二级脱水后可充分利用。1 号脱硫装置于 2007 年 1 月顺利通过 168h 试运，各项技术指标达到设计要求，施工质量良好。目前脱硫系统运行状况良好，脱硫效率、投入率均达到设计值，石膏品质合格。为保证废气的排放能达到一定的安全标准，在湿式石灰石——石膏法全烟气脱硫工艺技改和后续应用过程中，公司每年必须发生一系列的环境费用支出。

A　湿式石灰石——石膏法全烟气脱硫工艺系统的主要构成

湿式石灰石——石膏法全烟气脱硫工艺系统的主要构成见表 5-1。

B　需要进口的主要设备和材料清单

HF 发电对脱硫工艺系统中的主要设备明确要求承包商需从国外（美国、欧洲、日本）进口，主要设备和材料见表 5-2。

表 5-1 脱硫工艺系统的主要构成

序号	名称	序号	名称
1	吸收剂供应系统	8	土 建
2	烟气系统	9	采暖通风及空调系统
3	SO_2 吸收系统	10	供排水系统
4	石膏处理系统	11	通讯系统
5	废水处理系统	12	消防及火灾报警系统
6	电气系统	13	压缩空气及蒸汽系统
7	仪表与控制	14	其 他

表 5-2 需要进口的主要设备和材料清单

序号	进口设备和材料名称	
1	吸收剂供应系统	石灰石浆调节阀
2	烟气系统	挡板门的合金钢及烟道防腐材料、GGH 换热元件
3	SO_2 吸收系统	循环浆泵入口门、浆液喷嘴、吸收塔搅拌器、除雾器、喷淋层（材料进口）
4	石膏处理系统	旋流器、真空皮带机滤布
5	废水处理系统	加药泵
6	电气系统	干式变压器
7	仪表与控制系统	pH 计、烟气分析仪、调节性执行机构、密度计、电磁流量计、超声波泥位计、超声波液位计、压力或差压变送器
8	材 料	脱硫吸收塔入口烟道干湿界面采用的防腐材料

5.1.4.2 湿式石灰石——石膏法全烟气脱硫工艺流程的支出预算情况分析

1 号炉的烟气脱硫技改工程项目可行性研究在 2004 年进行，当时脱硫装置进口设备多，对外方依赖性较高，预算 1 号炉总投资近1.7亿元；2005年以来，由于设备和工艺国产化率的提高，脱硫装置投资下降。经过专家反复论证，1号炉烟气脱硫总承包合同金额为9717.99万元，加上前期工作及部分厂改项目，计划总投资1.1亿元。

1号炉的烟气脱硫技改工程得到国家、省、市发改委及环保局的大力支持和帮助，被列为国债项目。国家发改委补助国债资金2510万元（其中1760万元为拨款、750万元为转贷），省环保局补助环保项目治理资金2000万元，HX公司出资2222万元，其余4268万元为HF发电向银行的借款。

厂改项目及前期工作完成投资592.6万元，其中：材料费338.8万元，设备费14.1万元，脱硫场地原有设备建筑拆迁费100.8万元，其他费用（环境项目评估费、预审费、监理费用等）138.9万元。截止到2007年底，1号炉脱硫技改工程已累计完成投资共计6265.75万元，见表5-3。

表5-3　1号炉脱硫投资支出（万元）

项目名称	1号炉脱硫费用/万元
厂改项目及前期投资	592.6
主要设备和材料购置费	3698.31
工程设计和技术服务费	215.00
安装工程费	1266.70
土建工程费	285.00
调试费	178.64
招标代理费	29.50
合　计	6265.75

5.1.4.3 烟气脱硫技改项目效益评价

本项目评价的计算原则是采用电规经（1994）2号文颁发的《电力建设项目经济评价方法细则（试行）》、国家计委1993年版《建设项目经济评价方法与参数》，以及现行的有关财务、税收政策等。

A 主要参数

设备年利用小时数：本工程投产后设备年利用小时数按5500h计算。

石灰石粉消耗及价格：脱硫装置石灰石价格为65元/t（含增值税价），石灰石粉消耗量为8.1t/h。

定员及工资标准：脱硫运行新增定员20人（四班三倒制，每班5人，确保脱硫装置24小时运行），维护检修定员2人（常白班制）。年人均工资为4万元，福利费综合费率按工资总额的55%计算。

用水量：脱硫装置用水量按72.4t/h计算，脱硫用水按1.5元/t。

修理费：按脱硫装置造价的1.5%预提。

用电量:脱硫装置用电量7128kW·h/h,电费0.33元/(kW·h)。

气用量：脱硫装置耗气量$10m^3/h$，0.2元/m^3。

折旧率：固定资产折旧采用直线法，净残值率为5%，折旧年限取15年。

石膏脱水后制成脱水石膏出售，30元/t。

灰渣回收后全部综合利用于生产水泥和粉煤灰砖，40元/t。

B 脱硫装置年运行成本及相关经济效益指标

脱硫装置年运行成本及相关经济效益指标见表5-4。

表 5-4　主要技术经济指标

序号	项目名称	单位	数量	单价	合计/万元
一	年运行成本				2931.537
1	吸收剂	元/年	44550t	65 元/t	289.575
2	消耗电费	元/年	39204000 kW·h	0.33 元/(kW·h)	1293.732
3	消耗水费	元/年	398200t	1.5 元/t	59.73
4	消耗气费	元/年	55000m^3	0.2 元/m^3	1.1
5	修理费	元/年			165
6	工资及福利费	元/人·年			136.4
7	折旧及摊销	元/年			697
8	财务费用	元/年			289
二	石膏回收收入	元/年	53000t	30 元/t	159
三	灰渣回收收入	元/年	165000t	40 元/t	660
四	每年减少排污费	元/年			1130.3
五	每年减少环保罚款	元/年			200
六	节约炉灰场地的征地费和基建资金	元/年			2000
七	脱硫单位电量成本				0.0241 元/(kW·h)
八	单位二氧化硫去除量成本				1.92 元/kg
九	环保电价落实情况	已落实			

5.1.4.4　烟气脱硫技改项目产生的效益

HF 发电 1 号炉烟气脱硫装置的投产运行，相对传统的烟气不脱硫直接排放工艺，湿式石灰石——石膏法全烟气脱硫工艺每年的运行成本虽然较高，但是其引发的环境效益、社会效益和企业经济效益却很可观。

A 环境效益和社会效益

在该企业调研期间，笔者就该项工艺建设以及运行过程中有关的环境问题向该市环保局进行了核实，在该工艺建设和运行过程中，未发生环境污染及居民投诉现象。同时笔者采取随机方式，进行了公众调查。调查对象以附近居民及路人为主。共发放200份问卷，收回197份。公众意见调查情况见表5-5。

表5-5 公众调查情况汇总

调查内容	观点	比例/%
你认为当地目前的环境状况如何	较好	64.0
	很好	29.4
	一般	6.6
你认为当地目前的主要环境问题是	空气	21.8
	水	60.7
	噪声	22.8
你对该公司环保工作满意程度	很满意	30.7
	满意	60.5
	不满意	8.8
本工程可能产生的环境问题	空气污染	53.3
	固体废物污染	34.5
本发电工程对地区经济发展的作用	很重要	62.4
	重要	21.8
本工程给个人及家庭带来的影响	增加就业机会	54.8
	收入增加	26.4
	生活质量提高	25.9

由调查结果可以看出：84.2%的被调查者认为该项工艺流程的建设和运行对地区经济发展较重要；93.4%的被调查者认

为该项工艺流程能改善当地环境状况；91.2%的被调查者对该公司的环保工作表示满意或较满意；80.7%的被调查者认为该项工艺流程能增加就业机会和提高生活质量。

B 企业经济效益

HF发电1号炉烟气脱硫装置投产后，企业的经济效益也很可观，每年的环保罚款和因环境污染引起的诉讼及赔款几近从有到无、单位二氧化硫去除量成本显著降低；每年可减少二氧化硫排放量3500t，每年可减少排污费和环保罚款分别为1130.3万元和200万元，这些皆可以作为企业的资金流入；环保电价的落实保证了企业在该行业领域的竞争优势；脱硫工艺产生的固体废物经过回收综合利用，为企业带来巨额经济效益。1号炉脱硫工艺产生的固体废物主要包括除尘灰渣及脱硫石膏，灰渣年产生量约为16.5万t，全部综合利用于生产水泥和粉煤灰砖。脱硫石膏产生量约为5.3万t，脱水后的石膏综合利用于生产水泥缓凝剂。这两项废弃物经过回收再循环利用创造的经济效益每年800多万元；由于废弃物灰渣和脱硫石膏已全部综合利用，企业没有再征用新的耕地做灰场，仅此一项为公司节约2亿元的征地费用和基建资金，按10年平均计算，每年平均减少征地费用和基建资金2千万元，目前该企业备用灰场已改造为生态园。

5.1.4.5 结论

（1）湿式石灰石——石膏法全烟气脱硫装置的投资虽然较高，但其效率高，设计精准优化，且在后续设计中企业可进一步优化，进而进一步降低运行维护成本。安装脱硫装置后，为后期新建发电机组提供更大的排放空间提供了保障。

（2）企业对工艺流程或产品进行生态设计的做法使企业在

初始投资阶段数额较大，但在运营阶段，随着环境收益的实现，公司的年运营成本显著降低，其环境成本支出也就降到最低，从而使公司获得长期的利益及竞争优势。

5.2 企业环境成本事中控制：清洁生产

5.2.1 清洁生产体现了生产者的管理责任

与粗放型经济的生产方式不同，清洁生产是一种整体预防的环境战略，它将污染预防上溯到源头、扩展到整个生产过程及消费环节，其创造性的思想超越了传统的末端治理的污染控制思路。2003 年我国施行的《清洁生产促进法》充分结合了我国实际和国际惯例，对清洁生产进行了科学的界定：“清洁生产是指不断采取改进设计、使用清洁的能源和原料、采用先进的工艺技术与设备、改善管理、综合利用等措施，从源头削减污染，提高资源利用效率，减少或避免生产、服务和产品使用过程中污染物的产生与排放，以减轻或消除对人类健康和环境的危害”。清洁生产的主旨是改变末端治理的传统环境保护策略，发展从源头减少污染、以生产全过程综合预防为主的生产方式，其目标是将废物减量化、资源化和无害化，或将废物消灭于生产过程之中，不仅体现了可持续发展的战略思想，还充分诠释了在生产者责任延伸制度下，生产者对环境成本进行控制的管理责任。清洁生产是企业控制环境成本的基础，在企业层面实施清洁生产也是推进循环经济发展的重要举措。

清洁生产主要包括以下含义：

（1）清洁生产的目标是削减甚至消除企业活动对人类、对环境造成的不利影响，包括降低原材料消耗，废物减量化、资源化和无害化，减少污染物的产生量和排放量。

（2）清洁生产的内容主要包括清洁的能源、清洁的生产过程和清洁的产品3个方面。

（3）清洁生产的基本手段是改进工艺设备，开发全新工艺流程，生产原料闭路循环，资源综合利用，调整产品结构，搞好末端治理，力争废弃物最少排放或消灭在生产过程之中。

（4）清洁生产的方法是持续运用整体预防的环境战略，通过产品生产的全生命周期分析，发现问题，查找原因，采用消除或减少污染物的措施。

清洁生产致力于减少污染，同时也致力于提高效益；不仅涉及生产领域也涉及企业整个的管理活动，从这个意义上来讲，清洁生产也可以称为清洁管理。推行清洁生产，实质在于抑制环境负荷，不仅使产品在生产过程中做到不产生或少产生废弃物，降低对环境的压力，而且使产品在使用过程中以及使用后的废弃物对环境带来的影响最小，即产品生命周期全过程都符合环保要求。

5.2.2 清洁生产与环境成本事中控制的关系

环境成本事中控制也是过程控制，是在环境成本实际的形成过程中监督环境成本计划的执行情况，保证环境成本预算目标的实现。环境成本事中控制主要围绕环境成本标准，对各项环境成本开支进行控制。环境成本事中控制的实施举措就是清洁生产的推行，两者相辅相成。

很多大型工业企业实施环境成本事中控制，在推行清洁生产方面做出了榜样。美国3M公司实行的3P制度，运用系统管理思想将“预防污染”的理念贯彻到公司每一项产品设计、生产和服务中。3P计划主要通过四条途径来实现：产品改良、工艺改进、设备改善和资源回收。自1975年以来，3M公司已减少了10亿磅的总体排放量，同时还节省了5亿美元的资金，该公司正逐步采用闭路和无废物工艺[161]。

5.2.3 基于清洁生产的企业环境成本控制

企业应通过改革工艺设备、构造生产原料闭路循环和资源综合利用系统、开发全新的工艺流程、改进生产体系、调整产品结构、运用先进的环境成本控制体系等举措实现清洁生产，控制环境成本。

我国主要生产碳铵和尿素的安徽阜阳化工总厂实施清洁生产之后，每年减少排入自然环境中的铵4500t，约占原排放总量的52%；每年通过回收流失铵所创的收入约为300万元[162]。目前，全国已经有5000多家企业通过了清洁生产审核，通过实施清洁生产，资源消耗及能耗下降，产生了明显的经济和社会效益。2004年与1998年相比，全国万元产值二氧化硫、烟尘和粉尘排放量，水泥行业分别下降49.8%、79.1%和68.8%；电力行业分别下降5.7%、32.3%和19%。万元产值废水排放量和化学耗氧量，钢铁行业分别下降82.1%和78.3%；造纸行业分别下降59.4%和83.8%[163]。中国石化在2005年积极推行清洁生产，实现节水和减污，相比2004年，工业取水量减少4%，外排污水中COD下降6%❶。上述环境指标的提高和环境质量的改善，清洁生产的实施发挥了不可替代的作用。

5.2.4 案例：昆山六丰机械清洁生产的成本效益分析❷

地处江苏省昆山经济技术开发区的昆山六丰机械工业有限公司是一家台商独资企业，公司主要生产和经营汽车、铝合金轮圈及汽车、摩托车铝合金制品的厂家，产品销往国内、日本

❶ 摘自中国石化2005年年报第31页。年报来源于深圳市证券信息有限公司制作的资料性数据光盘《上市公司财务分析数据及定期报告汇编》(2006)。

❷ 根据http://www.liufeng.com.cn(2008.12.16)资料整理。

及欧美等多个汽车厂和售后服务市场。为了善尽企业的社会责任，以绿色产品行销市场、掌握商机，更好地提升企业形象，六丰公司采用清洁生产工艺、建设节能降耗企业，并通过了 ISO 14000 环境管理体系认证。企业在生产过程中一贯推行清洁生产的做法体现了企业的可持续发展与环境保护的协调一致宗旨。公司清洁生产模式是从资源保护，资源合理利用和持续利用的思路出发，充分考虑生产前、中、后的节能、降耗、减污，寻求资源能源的废物最小化。公司根据清洁生产的要求，改革工艺设备，开发全新工艺流程，改进产品体系，调整产品结构，对企业产品生命周期阶段的所有环境成本进行控制。企业在推行清洁生产的初期虽然投资较大，但通过对环境成本的控制，效益十分明显。

5.2.4.1　清洁生产的资本投入

清洁生产的资本投入见表 5-6。

表 5-6　六丰公司 13 项清洁生产管理方案总投入

序　号	方　案	金额/万元
1	工业废水处理设施整改	42.5
2	生活废水处理系统	65
3	增设磨修集尘设施	94
4	设备漏油、漏水改善	10
5	化学品仓库整改	4
6	制作柴油罐防泄堰及地面防腐处理	2.5
7	制作油料库防泄设施及地面防腐处理	1.5
8	全公司六大车间加装省电器	77
9	涂装车间电渗透外排水回收再利用	30
10	涂装车间铬系废水回收再利用	28.5
11	雨水、工业废水、生活废水管网整改、清污分流	35
12	设置废弃物总置场，使各类废弃物实现分类管理	16
13	食堂及废水处理车间噪声源改善并加盖隔音棚	10
合　计		416

5.2.4.2　清洁生产取得的收益

清洁生产取得的收益见表5-7。

表5-7　六丰公司推行清洁生产得到的效益

序　号	项　目	节支/万元·a^{-1}
1	安装省电器并加强用电管理	25.7
2	废水回收再利用每年节约水203600t	22.1
3	设计开发时考虑产品轻量化，按每月改善轮圈计	54
4	模具铸造率提高，降低制造成本	14.4
	合　计	116.2

由此可见，清洁生产的前期投入较大，但是实施清洁生产给企业带来的效益十分明显，对于六丰公司而言，实施清洁生产4年后就可以收回全部投资。以上数据只是清洁生产带来收益中可以明确计算出来的一部分，还有许多相似的活动仍在持续进行之中，不过表中这些数据足以说明，六丰公司推行清洁生产已收到了良好的成效，达到经济效益和环境效益的双赢。

5.3　企业环境成本事后控制:环境成本审计

5.3.1　环境审计与环境成本审计的概念

5.3.1.1　环境审计

环境审计始于20世纪70年代，一些国家的企业由于管理上的需要，自发地制订了独立的环境审计计划，定期检查和评价企业环境问题。环境审计最初是在内部审计领域，作为审计的一个新的分支，在健全环境管理系统，提高环境管理系统的有效性方面起了很大的作用，也得到了发展。北美、欧洲的许多企业内部审计部门都把环境审计作为一项重要的审计内容列入审计计划，引起了世界各国的关注。最近十余年，人们对于环境审计从理论和实践方面进行了不懈的研究。1989 年联合国环境规划署第 15 届理事会强调要建立环境保护管理的法律体系，加强审计监督。1993 年欧盟也对其成员国提出建立环境审计制度的要求。1996 年 12 月，国际内部审计师协会指出，只有适应新形势的要求，开拓内部审计的新领域，才能保证内部审计在未来有效发展。1998 至 2002 年最高审计机关欧洲组织环境审计委员会组织了对《国际海洋环境保护公约》的审计[164]。相对于国际社会，缩小与国际社会的差距，是我国审计理论界必须关注的问题。

环境审计（绿色审计），指为了确保企业内的环境受托责任的有效履行，由政府审计机关、内部审计机构和民间审计组织依据环境准则对被审计单位受托环境责任履行的公允性、合法性和效益性进行鉴证[165]。

5.3.1.2　环境成本审计

环境成本审计是环境审计的组成部分，指由外部独立的审计机构出具的对企业环境成本确认、分类、计量、会计处理与环境成本报告等是否合法、公允与一致性的审计意见（徐玖平，2006），即对企业在报告年度内的经营行为所产生的环境损害是否符合国家环保部门的规定，其反映的环境成本是否恰当发表意见。

5.3.2　环境成本审计体现了生产者的环境成本信息披露责任

环境审计是经济发展的必然趋势。由于人类环保意识的增强以及环境会计的不断发展，人们意识到以牺牲资源与环境来换取经济利益的做法，其危害巨大，社会对企业的评定不再只是通过它的产品、服务以及经济效益，更多的关注于企业的产品是否绿色，企业的生产经营是否环保。企业的利益相关者要求企业承担社会责任、保护环境，并且由独立的审计机构对企业在履行环境责任方面进行检查和鉴证。在环境成本审计过程中，审计机构对责任主体提出的有关环境管理问题提供咨询，从而实现对责任主体受托环保责任履行过程的控制。因此，环境成本审计本质上是一种控制活动，即审计机构对企业受托环保责任履行状况的控制，其目的在于保证受托环保责任全面、有效地履行[166]。延伸的生产者责任要求企业提供关于产品环境性能的信息和产品生命周期各个阶段的环境影响信息，而环境成本审计在一定程度上体现了生产者对于环境成本信息的披露责任。

5.3.3　环境成本审计的依据

审计依据指审计主体实施审计行为的法律法规和制度基础及审计人员在执行审计业务过程中应当遵循的审计职业规范。

5.3.3.1　环境法律法规

我国政府为了贯彻和执行环境保护和可持续发展的战略思想，建立了比较全面的国内环境管理法律法规体系。2004 年修订后的《宪法》第 26 条规定："国家保护和改善生活环境和生态环境，防治污染和其他公害。"该法成为环境保护法的立法依据和指导原则。1989 年修订的《环境保护法》把环境影响评价、污染者的责任、排污收费、对基本建设项目实行"三同时"（建设项目中防治污染的设施，必须与主体工程同时设计、同时施工、同时投产使用）作为强制性的法律制度确定下来；同时，对环境监督管理、保护和改善环境、防治环境污染和其他公害、法律责任进行了规范。1999 年修订的《刑法》增加了破坏环境资源保护罪，对违反规定排放污染物造成污染事故等行为进行了量刑与罚款规范。以后我国不断颁布和完善相关环保法规、规定和政策性文件，形成了多层次多级别的环境保护法律和法规体系。如《环境噪声污染防治法》（1996 年颁布）、《森林法》（1998 年修订）、《大气污染防治法》（2000 年修订）、《环境影响评价法》（2002 年颁布）、《清洁生产促进法》（2002 年颁布）、《固体废物污染环境防治法》（2004 年修订）、《水污染防治法》（2008 年修订）等。

除了完善我国国内的法律法规，我国政府还积极参加各种环境保护国际公约、协定和议定书，主要包括：《防止船舶污染公约》（1973 年）、《濒临物种国际贸易公约》（1975 年）、《生物多样性公约》（1992 年）、《巴塞尔公约》（1992 年）、《京都议定书》（1997 年）、《卡塔赫纳生物安全议定书》（2002 年）、《关于持久性有机污染物的斯德哥尔摩公约》（2004 年）等，履行中国的环保责任。

上述环境法律法规的制定和实施，不仅有利于环境保护，防范和制止环境污染，而且也是审计主体对企业进行环境成本审计的法律依据。

5.3.3.2　环境标准

环境标准是国家为了防治环境污染，维护生态平衡，保护人体健康，对环境保护工作中需要统一的各项技术规范和技术要求所作的规定[167]。这些环境标准是环境成本审计的主要依据。环境标准是由国家环境保护部门与国家质量监督检验检疫部门制定和发布的。我国的环境标准分为国家标准、地方标准和行业标准。环境标准从内容上分类，可分为环境管理标准和环境技术标准。环境管理标准较多采用的是 ISO 14000 同等转化标准，即 GB/T 标准。环境技术标准可分为环境质量标准、污染物排放标准、环境方法标准、环境基础标准和环境标准样品。在实施环境成本审计时，审计人员多依据环境技术标准。

5.3.4 环境成本审计的内容

国际内部审计师协会（ⅡA）的一份研究报告认为，根据审计的目标，企业环境审计可分为合法性审计；环境管理系统审计；交易审计；处理、贮藏和处置机构审计；污染预防审计；应计环境负债审计；产品审计[168]7类。

环境成本审计是环境审计的组成部分，其内容主要包括以下几个部分。

5.3.4.1 合规性审计

（1）环境成本合规性审计。审计人员主要针对企业的经济活动遵守国家和地方环境法律法规、环境标准的情况进行的审计。审计人员主要审查被审计单位是否具有完善的企业环境管理体系❶及ISO 14001环境管理体系认证证书等，并对此发表审计意见。

（2）环境成本内部控制审计。审计人员主要针对被审计单位遵守企业内部制定的有关环境成本核算的规章制度和环境成本控制体系的情况进行的审计，并对此发表审计意见。

5.3.4.2 环境成本信息披露审计[169]

A 环境成本信息披露的国际标准

环境成本信息披露在西方发达国家企业中运用较早，特别

---

❶ 完善的环境管理体系一般包括环境方针、环境规划、实施与运行、检查和纠正措施、管理评审五个部分。

是一些国际组织和社会组织的积极推动，使得环境成本在披露形式、披露内容等方面都趋于成熟并规范。

关于企业环境成本信息披露最早的国际标准是英国 1992 年颁布的“环境管理制度”，对企业环境管理系统、实施和维护提出了明确要求；1997 年英国的“环境报告与财务部门：走向良好务实”，对企业的环境成本报告标准做出了指导性的规范[170]。欧盟 1993 年发布的“环境管理与审计计划（EMAS)”，鼓励成员国企业设立环境目标和政策并由外部独立机构验证和颁证，EMAS 规定披露环境成本信息是企业的义务[171]。国际标准化组织（ISO）制定的环境管理体系 ISO 14000 系列标准目前是较为完整并获得公认的环境成本信息披露国际标准，它包含 6 个方面内容：环境管理体系、环境审计、环境标志、环境行为评价、生命周期评价和环境方面的产品标准。环境标志Ⅱ型和Ⅲ型❶产品要求企业根据产品生命周期清单和产品生命周期影响分析做出相关的企业产品环境成本报告。1992 年联合国国际会计和报告标准政府间专家工作组（ISAR）在《环境会计：当前的问题》中，提出了环境审计、可持续发展会计、环境对国民经济核算的影响等方面的意见。1993 年 ISAR 印发《跨国公司的环境管理》研究报告，介绍了部分跨国公司在其年度报告中公布的环境资料情况。1998 年 ISAR 发布《环境会计和报告的立场公告》，就环境成本的定义与信息披露做出相关规定。丹麦于 1995 年制定了环境信息披露的法规——《绿色账户法案》，要求大约 1000 家企业发布年度环境成本报告；瑞典和荷兰分别于

---

❶ 为了规范世界各国的环境标志制度，国际标准化组织颁布了 ISO 14020 环境标志系列标准，该标准通过认证、验证、检测，可分别对产品授予三种不同型式环境标志，分别为：ISO 14024 环境标志认证标准，为Ⅰ型环境标志 ISO 14021 自我环境声明标准，为Ⅱ型环境标志；ISO 14025 产品环境信息公告标准，为Ⅲ型环境标志。

1998 年和 1999 年强制要求企业披露环境成本信息；挪威对商法进行了修改，规定企业在年报中负有披露环境成本信息的责任[172]；德国准则协会（DIN）于 1997 年提出了环境成本信息披露的指导思想，作为企业披露环境信息的准则；英国注册会计师协会（ACCA）于 1992 年起实施环境成本信息披露表彰制度[173]。日本环境省 2003 年发布的《环境报告书指导方针》已经成为日本大公司发布环境成本会计和有关计算指标、发布环境信息的指南。

B 国际环境成本信息披露的方式

根据西方发达国家企业的实践经验，目前环境成本的信息披露方式主要有以下三种[174]：

（1）在财务会计报表附注中披露。1978 年美国财务会计准则委员会（FASB）提出既不违反财务会计准则又可扩大会计信息披露的新思路，以此为契机，会计披露逐渐进入以财务报告形式为主体的新的发展阶段。财务报告披露由两部分组成，即财务报表披露和其他财务报告披露，前者处于主导地位，后者构成必要的补充。其他财务报告包括辅助资料和财务报告的其他手段，主要向企业外界提供相关的但不完全满足会计确认标准的会计信息，如社会责任报告、环境报告、财务预测报告、简化年度报告等。由于财务会计报表的局限性和企业经营行为的复杂性，国际会计委员会（IAC）在其国际会计准则第一号《财务报表列报》第 91 条第 3 款规定：企业在会计报表附注中必须提供不在财务报表内列报、但对于公允地反映报表内容确是必要的附加信息；第 94 条规定：会计报表附注中的披露内容包括或有、承诺和其他财务方面的披露以及非财务方面的披露。这些规定皆为环境成本的信息披露提供了法律基础。根据国际会计准则的要求，财务会计报表附注部分是对财务报表公允性反映的必要补充，而环境成本披露对于企业会计报表的公允性影响是随着企业外部会计环境的不断变化而变化的，披露的形式和内容也没有固定的做法。因这种信息披露方式比较灵活，它一直被西方诸多企业运用。

（2）以环境会计报表形式披露。这种披露方式主要在欧洲和日本的一些企业使用，目前西方许多国家规定了企业必须披露的环境指标体系、并通过立法强制要求企业披露环境成本信息。如，丹麦的环境保护法明确规定，企业在上交年度财务报告时必须附有一份环境会计报告，以监督企业履行环保义务。环境会计报告披露的主要信息包括企业对能源、水资源、其他原材料的耗用情况；在生产过程中企业向大气、水、土地等排放的污染物类型和数量；企业在环保方面存在的问题及采取的环保措施等。为此很多企业编制环境会计报表详细披露企业在会计年度内的环境管理成果和现状。以日本 NEC 公司的年度环境报告中的环境会计报表披露为例，环境成本披露项目分为6类：1）生产环境成本。主要包括温室气体排放控制成本、资源有效利用控制成本、资源再循环使用成本（如污水处理再使用成本、其他资源的再处理使用成本等）、污染控制成本（如污染防止费用、依法缴纳的费用、化学物质控制管理费用等）；2）环境管理费用。包括以预防污染为目的的所有技术措施费用、环境管理体系运行费用、从事环境管理的人工费用、ISO 环境管理体系标准贯彻和环境审计费用、各项环境培训教育费等；3）科技研发费用。主要指对工艺的技术改造使环境影响减少的支出，包括科研投入、环保产品的设计费用等；4）社会公共费用。为社会环保公共活动所发生的支出，如社会环保捐助和信息的发布费用等；5）环境损害费用。由于污染物排放引起环境效用降低的价值损失应由本企业承担的费用；6）其他有关费用。主要包括超标排污缴纳的排污费和其他环境税、环境罚款支出；环保专门机构的经费；环境问题诉讼和赔偿支出；临时性或突发性环保支出；因污染事故造成的停工损失。此外，环境会计报表还应披露会计年度内环境保护项目和设备投资额以及占总投资额的比例。

（3）以环境成本报告形式披露。这种方式是企业编制单独的环境成本报告披露本年度的环境成本信息。通常，环境成本报告包括以下内容：1）环境政策和目标。包括企业关注环保法律法规、培养员工的环保意识、建立环保导向的产品设计和流程设计思想等内容；2）环保方法与成本。披露企业为减少资源消耗和环境污染而采取的方法和支出的成本；3）产品管理与设计。披露企业产品的环保设计理念和成果，包括产品设计、包装设计、供应链管理、产品生命周期管理等内容；4）环境管理与参与。包括贯彻落实ISO 14000环境管理体系标准的情况；污染排放管理、环境污染物的排放控制管理、环境的法律法规约束；企业遵守环保法律的情况、相关人员参与环保的情况；企业为改善社区的环保状况所作的贡献、企业与其利益相关者在环境问题上的沟通情况等内容。企业通过此种形式披露环境成本信息，主要表明企业的环境策略在其产品设计开发、制造管理、供应链管理以及环境成本管理中的应用。如戴尔电脑公司提出的3R环境成本管理战略，即Reduce（减量化）、Reuse（再利用）、Recycle（再循环）就是依据这种方式披露企业的环境成本信息。

通过对西方会计理论和实务中对环境成本披露内容和形式的比较，得出结论：

第一，会计信息披露发展动因是会计环境变化所导致的对会计信息的新需求，因此，企业环境成本的披露也是因为外部会计环境和企业内部管理的需要而必然产生的结果。

第二，会计信息披露方式的发展是循序渐进的，是在原有披露方式上的改进，环境成本的信息披露若完全脱离原有的财务会计披露标准也是不现实的。

第三，会计披露的范围应该避免范围和内容的无限扩大和披露的低效率，因此，环境成本披露方式应受到披露成本的约束和信息使用者处理会计信息的能力和时间的约束。

C 环境成本信息披露审计的内容

第一，环境成本会计政策审计。主要审查环境成本是否发生、环境成本、自然资源计量方法的选用是否真实、合法、有效，审查企业有无随意扩大或减少环境成本等问题。

第二，环境成本数据审计。主要审查企业的三废排放量及处理三废的成本、废物处理、能源消耗、噪声的产生、环境污染及修复的处理成本等计量是否正确。

第三，环保罚款的合法性审计。主要对企业环保罚款支出以及环境负债准备的真实性、合法性进行审计。

第四，重大环保活动披露审计。主要审计企业对重要环境问题和法律法规的执行情况；企业环境方针政策的描述；企业对环境影响本地公众健康和安全问题所采取的政策；企业现行的环境管理体系；政府针对企业环保措施所给予的鼓励政策。

5.3.4.3 环保资金的筹集、管理和使用的审计

环保资金使用效益不佳是我国企业普遍存在的问题，据全国工业废水处理设施运行情况的调查，在所调查的22个省市的5556套废水处理设施中，因报废、闲置、停运等而完全没有运行的设施占32%，运行的占68%，运行设施的总有效投资率只有44.9%，总体有效的投资只占全部环保投资的31.3%，情况堪忧[175]。由于缺乏审计监督，很多环保资金的投入没有真正落实，国家和企业无法揭示和评价环保资金的经济效益和社会效

益。环保资金审计的重点应对环保资金收支的真实性、合法性和有效性进行审计，揭示其创造的经济效益和社会效益，确保环保资金使用的节约和有效。

5.3.5　环境成本审计的推行

由于种种原因，以前我国企业很少自觉对环境成本进行核算和控制，更没有对环境成本进行审计。近年来，我国企业的环保意识总体上有了明显提高。继国际质量体系 ISO 9000 认证后，不少企业正积极申请并通过了国际环境管理体系 ISO 14000 的认证。ISO 14000 环境管理系列标准根据 BS7750（1992 年由英国标准协会制定的环境保护准则，称为 BS7750）制订，是集近年来世界环境管理领域的最新经验与实践于一体的先进体系。它包括环境管理体系（14001-14009）、环境审计（14010-14019）、环境标志（14020-14029）、环境行为评价（14030-14039）、产品生命周期环境评估（14040-14049）等方面的系列国际标准，与其他质量标准体系、排放标准不同，它是自愿性的管理标准，为各类组织提供了一整套标准化的环境管理方法。ISO 14000 环境管理体系旨在指导并规范企业建立先进的体系，引导企业建立自我约束机制和科学管理的行为标准。它适用于任何规模与组织，也可以与其他管理要求相结合，帮助企业实现环境目标与经济目标的双赢。

为了使企业的环境成本控制体系更好地与 ISO 14000 环境管理体系融合，我国环境成本审计的推行可以采取企业自愿和国家强制相结合的方式。

5.3.5.1　企业自愿推行环境成本审计

企业自愿推行环境成本审计指具有环境保护任务的组织根据自己的目的和意愿主动实施的环境成本审计，通常由企业的内部审计部门来进行。现有的法律体系支持企业交易的透明度，强调公众具有知情权，企业自愿推行环境成本审计不仅显示企业重视环境保护活动，给公众传递环境友好企业的信号，提升企业的竞争力，还能对环境成本控制中出现的问题或负面影响及时总结经验教训并积极控制预防，这样就为企业的经营创造了良好的内部和外部环境，保障企业的可持续发展。自愿环境成本审计是人们评价企业是否环保的基本标准，如果企业没有这样做，对企业保护环境的重要信息保密，可能向外界传递的是企业做错事的信号。

5.3.5.2 国家强制推行环境成本审计

国家强制推行环境成本审计指审计部门根据国家有关法规的要求，对具有环境保护任务的组织所进行的强制性环境成本审计，通常由国家审计机关和会计师事务所这些企业外部审计机构来进行。

国家强制推行的环境成本审计具有以下优点：(1) 帮助企业发现节约资源的方法，控制环境成本的发生，有利于企业环保资金效益的最大化。(2) 防止和杜绝企业违规行为的发生，降低企业的潜在环境负债。(3) 帮助企业识别现有的和潜在的环境危害问题，促使企业及时采取纠正措施。(4) 为企业提供经营运作过程中影响环境的可靠数据。

企业内部和外部环境成本审计的推行旨在激励企业坚持不懈的控制环境成本。

5.3.5.3 以强污染行业的上市公司为试点，推行环境成本审计工作的开展

上市公司在公众中的影响较大，受公众的监督较强，强污染行业发生的与环境有关的经济活动也比较多，因此，环境成

本审计可先在强污染行业上市公司试行，待积累一定经验后再推广到一般企业。作为行业模范的上市公司应认识到环境问题的重要性，自觉披露环境成本信息、自愿开展环境成本内部审计、积极配合外部审计机构对企业环境成本进行的审计，以实际行动履行其社会职责。相信经过各方的共同努力，我国企业的环境成本信息披露和环境成本审计状况将在未来的数年内会有极大的改观。

目前，国内重视环境成本审计的企业逐渐出现，用国家或行业的环保标准对本企业的污染及治理情况、治理成本与治理效益进行审计，将越来越受到企业的重视。扬子石化公司九套主要化工生产装置（聚乙烯、聚丙烯、PTA、醋酸乙烯、加氢裂解、常减压、加氢裂化、铂重整和乙烯装置），通过了清洁生产审计，并成为中国石化集团公司首批清洁生产示范企业。中国石化集团公司也从2003年开始分两批对所属企业的有关装置进行了清洁生产审计验收。

5.3.6　环境成本信息鉴证

环境成本审计结束，由国家审计机关或注册会计师对审计结果出具审计意见，对企业的环境成本信息进行鉴证。

5.3.6.1　国家审计

近10年来，国家审计机关开展了工业、农业、渔业、林业对环境影响的审计评价，注重对环保专项资金的审计，如基建项目的防治污染“三同时”、环保投资、排污费、污染治理费等环境审计工作取得一定成就。审计署曾于1985年和1993年两次对兰州、重庆、广州等20个城市开展了环境成本审计，当时审计的重点是合规性审计，即排污费的征缴和使用情况，对保证环保资金的合理使用和环境污染防治发挥了积极作用。根据我国国情和环境成本审计的实践经验，国家审计对环境成本信息鉴证的主要内容包括：

（1）各级政府财政部门预算执行情况中环境专项资金支出情况。检查财政预算中用于环保治理方面支出的比例及增减变化，以保证环保资金能够满足治理污染的实际需要。（2）各级环保部门财务收支和环保工程建设项目。检查其收支的合理性和有效性，以提高环保资金的使用效益。（3）各项环保资金筹集和使用情况。包括：审查超标排污费的征收及用于治理污染支出；利润留成中用于治理污染的投资；银行贷款、治污专项基金、更新改造资金中用于环保的支出部分。（4）各单位和部门在经济活动中执行环保法规的情况。包括企事业单位废水、废气、废渣排放是否符合环保法规的规定和要求。企事业单位依法缴纳的治污费用是否符合既定标准等。

5.3.6.2 社会审计

随着企业利益相关者保护环境的呼声日趋高涨，企业面临的风险之一就是政府制定的环境法律法规中严格的条款可能给公司带来的环境负债。企业在经营中用于环境治理的费用越来越多，对企业的环境成本控制情况进行鉴证会变得越来越重要。为此应充分发挥社会审计在环境成本鉴证中的作用[176]。注册会计师是以超然独立的第三者身份介入并监督环保受托责任的履行，可以独立、客观、公正地从事环境成本审计，鉴证企业环境成本信息。

注册会计师对环境成本鉴证的主要依据便是我国要求企业披露环境成本信息的法律法规，主要包括：《中华人民共和国清洁生产促进法》第17条和第31条指出，污染严重的企业应公布主要污染物的排放情况，接受公众监督；《上市公司治理准则》第68条提出，上市公司应关注环境保护、注重公司的环境责任；国家环境保护部在2003年9月颁布的《关于企业环境信息公开的公告》，明确了企业必须公开的环境信息包括企业环境保护方针、污染物排放总量、企业环境污染治理、环保守法、环境管理等，企业自愿公开的环境信息包括企业资源消耗、企业污染物排放强度、企业环境的关注程度、下一年度的环境保护目标、当年致力于社区环境改善的主要活动、获得的环境保护荣誉等环境信息；中国证监会1997年发布的“关于发布《公开发行股票公司信息披露的内容与格式准则第一号〈招股说明书的内容与格式〉》的通知”和1999年发布的“关于发布《公开发行股票公司信息披露的内容与格式准则第六号〈法律意见说明书的内容与格式〉（修订）》的通知”中对企业经营活动是否符合环保要求、企业是否因违反环保方面的法律法规而被处罚等环境信息的披露作出规定。

与发达国家的企业环境成本信息披露相关法规相比，我国的法规要求无论是在内容还是在发布时机上均与发达国家存在差距。鉴于此，我国相关部门应该完善环境成本信息披露的立法工作并注重法律法规的实务操作性，促进更多企业自愿披露环境成本会计信息。待时机成熟时，我国也应借鉴国际经验，制定符合我国国情的环境信息披露指南，对必须披露环境成本信息的企业以及披露内容做出相关规定，借以规范企业对环境成本信息的披露。与2006年财政部相继发布的38个具体会计准则一样，我国可以考虑制订环境会计准则，以法律法规的形式确定环境会计的地位和作用，使企业披露行为有法可依，并为环境成本信息披露提供统一的标准。注册会计师对环境成本鉴证的内容主要针对环境成本的信息披露是否公允，如环境成本是否发生、环境成本是否全面、环境成本的确认和计量分摊是否恰当、环境成本的信息披露是否充分等方面。

5.3.7 案例：日本富士通公司环境成本审计[1]

由于国内企业尚无环境成本审计的案例，因此以日本的企业为例来说明问题。

富士通公司从 1998 年 3 月起开始实施以环境保护投资及其效果评价为目的的环境会计核算。该公司的环境会计核算采用了美国环境保护署和日本环境厅制定的环境成本确认和计量指南，并以这两项指南为依据对环境成本进行了核算。由于这两个指南中都没有提出环境收益的核算标准，因此环境收益的核算是依据该公司自己制定的环境会计指南进行的，环境成本与环境收益的计算依据和结果见表 5-8 和表 5-9。

表 5-8 富士通公司环境成本和环境收益对照计算指南

分类	成本项目	收益内容
设备投资	工厂环境治理措施（大气、水质、噪声、震动）	由于药液和排水再利用而降低的成本、防止作业损失的收益
	废弃物（削减设备、再资源化设备）	由于废弃物削减而减少的废弃物处理外部委托费
	节省能源设施	用于电力、燃油、燃气使用量减少而降低的成本
	减少化学物质排放	由于设备或工艺的改善而减少的排放量
	环境风险、调查对象（地下水污染治理措施、二噁英治理措施）	场地治理措施的收益、投资保险及赔偿费的节约额

[1] 根据李静江．企业环境会计和环境报告书[M]．北京：清华大学出版社，2003：134～140；237. 李静江．企业绿色经营[M]．北京：清华大学出版社，2006：115. 相关资料整理。

续表 5-8

分类	成本项目	收益内容
运转管理费	工厂环境治理措施、废弃物处理、节能设备的运行费	生产过程增加的产品附加值中环境保护措施的贡献
	操作费（工时费）	
费用	废弃物外部委托处理	无
	环境管理体系认证取得、运行	协调贡献度、管理质量提高、预防保护措施的收益
	环境友好产品的研究开发	绿色产品的设计贡献度
	产品再循环和利用材料费	工厂废弃物处理的有价品销售收益
	其他（建立信息系统、用纸减少、教育、绿化等）	运用 MSDS 而减少的工时数、用纸减少的收益
人员费	环境保护促进活动费（员工工时费）	水质、大气污染分析等外部委托费的减少
		营业支援

表 5-9 富士通公司 1998 年环境成本与环境收益（亿日元）

	项目	范围	富士通	主要子公司	合计
费用	直接费用	确保生产活动的环境保护活动费用	42	35	77
	间接费用	环境推进人员费用、ISO 14001 认证取得及维持费用	11	15	26
	再循环	产品的回收、再商品化费用;	2	2	4
		废弃物处理费用	8	8	16
	省能源费用	省能源对策费用	8	1	9
	研究开发费用	关心环境型产品、环境对策技术的开发费用	1	5	6
	社会投入费用	推进绿化、环境活动报告书的编制、环境宣传等费用;	2	3	5
	其他	清除土壤污染、二噁英对策等环境风险对策费用	6	1	7
	合 计		80	70	150

续表 5-9

	项　目	范　围	富士通	主要子公司	合计
收益	支持生产的环境保护活动	生产活动带来的产品附加价值内环境保护活动的贡献	37	23	60
	工厂省能源活动	由于电力、燃油、燃气使用量减少而减少的费用	6	3	9
	再循环活动	由于废品再循环增加的收益	5	29	34
		由于废弃物量减少而降低的成本	1	2	3
	风险管理	避免由于不遵守法规而引起的业务部门作业损失而减少的支出额	18	14	32
		由于对地下水污染进行治理避免对居民的赔偿、减少保险费用支出，以及停用焚烧设备而避免二噁英产生的差额收益	9	5	14
	环境商务活动	环境商务产品（化学物质环境安全资料表管理系统、环境经常性监视系统等）销售贡献额	5	3	8
	环境活动的效率化	减少用纸效果、运用管理体系降低成本效果	13	3	16
	环境教育活动	ISO 14001 建立顾问、监察员培育等公司内教育效果	3	2	5
	合　计		97	84	181

株式会社太田昭和环境品质研究所对富士通公司 1998 年度环境会计实际业绩的第三方意见如下：

关于富士通公司 1999 环境活动报告书 1998 年度环境会计实际业绩的第三方意见

1999 年 7 月 12 日

富士通公司

董事长　秋草直之

株式会社太田昭和环境品质研究所

董事长　栗原安夫

（1）审查的目的及范围。对富士通公司的1999年环境活动报告书中记载的富士通公司及其主要子公司的1998年度环境会计实际业绩进行了审查。审查的目的是站在本研究所的独立立场，对该报告书所记载的1998年度环境会计实际业绩是按照公司既定的“环境会计指南”进行收集、汇总表明意见。

（2）审查的程序。在与公司协商的基础上实施了以下审查程序：

1）1998年度环境会计实际业绩的收集过程和收集方法的确认；

2）1998年度环境会计实际业绩的基础资料的相互对照和计算的正确性的验证。

3）其他，根据需要对相应工厂和子公司进行现场调查；对编制负责人进行询问；现场视察及对相关请示书进行查阅。

审查实施者包括环境计量师、环境审查员、注册会计师。

（3）审查结果。审查结果的意见如下：

富士通公司1999环境活动报告书所记载的1998年度环境会计实际业绩是按照公司既定的“环境会计指南”进行收集、汇总的。

该案例给我们的启示为：环境审计在我国开展的时间不长，从1998年审计署组织编写《环境审计》实务丛书以来，逐步拓展了对环境信息的审计范围，但是仅限于国家审计，企业内部审计和社会审计都没有开展环境审计。因环境成本审计是环境审计的重要内容，所以针对企业的环境成本审计也没有广泛开展。加之目前我国缺乏对环境成本审计的具体规定，这为注册会计师带来了审计风险。日本富士通公司环境成本审计的案例给我国的社会环境审计提供了经验和借鉴。

6 企业环境绩效评价

企业对环境成本控制的结果最终会提高企业的环境绩效，实现企业在其产品整个生命周期中对环境和生态的负面影响最小。建立一套全面、科学和可行的环境绩效评价指标体系和评价方法，是检验企业环境成本控制成效的必要途径。特勒斯协会（Tellus Institute）曾针对包括美国、加拿大及欧洲的 30 家公司使用环境业绩评价指标的数量和种类作了一个非正式的调查，发现存在四大问题：第一，各公司采用的环境业绩指标种类相当广泛，并无标准化的规定；第二，不同的产业会使用不同的环境绩效指标；第三，企业所选用的指标单位经常不同（如：磅、吨、百分比等），不易进行企业间之比较；第四，环境业绩指标的正规化技巧虽已在推动中，但仍有约 60% 的指标尚未正规化，因此，不易比较单位产品或单位活动造成的环境冲击。这些问题成为企业难以推动环境业绩评价的主要障碍[177]。

根据国内外环境绩效评价体系，只能大致判断企业环境绩效的优劣，并不能从数量上为企业的环境绩效打分。为此，本书拟用模糊综合评价分析模型评价企业环境绩效，以解决企业的利益相关者对企业的环境绩效难以进行“量化”评价的问题。

6.1 环境绩效评价方法：模糊综合评价

对环境绩效的评价界限一般是很模糊的，比较适合采用模糊评价的方法。一个待评价企业的环境绩效包括若干个评价方面，每个评价方面又含有多个评价要素，每个评价要素又含有不同的评价因素，所以对于企业环境绩效的评价是一个多级模糊综合评价。基本思想是：先对最低级层次的各个因素进行综合评价，一层层依次往上评，直到最高层，得出最终的评价结果，即模糊综合评价的方法是由末端开始逐级向上的评价方式。模糊综合评价（Fuzzy Comprehensive Evaluation，FCE）是指在模糊环境下，考虑了多种因素的影响，为了某种目的对一事物作出综合决策的方法[178]。模糊综合评价方法由于可以较好地解决综合评价因素中的模糊性，如：事物类属间的不清晰性，评价专家认识上的不清晰性等，因而该方法在许多领域中得到了极为广泛的应用。模糊数学是模糊综合评价法的理论基础，模糊综合评价就是通过一个模糊变换，把评价因素集合中的元素映射为评价结果相应的元素，其优点是数学模型简单，容易掌握，对多因素、多层次的复杂问题评判效果比较好，但由于对各因素重视程度的不同，需给各因素分配一个合理的权重，权重的合理分配问题一直是人们普遍关心的问题。

6.1.1 模糊综合评价的基本程序

企业环境绩效评价是一个复杂的多目标系统，不能由某项指标简单地加以确定，鉴于企业环境绩效表现程度具有模糊性，即亦彼亦此性或中介过渡性，因此对企业环境绩效进行评价比较适合采用模糊综合评价法[179]。其一般步骤如下：

首先，确定评价对象的因素论域 $U=\{U_1, U_2, \cdots, U_n\}$，即评价指标体系。其次，确定评语等级论域 $V=\{V_1, V_2, \cdots, V_n\}$，即对各个指标的评语；再次，建立模糊关系矩阵 $\boldsymbol{R}$，即 U

中各个因素 U_i 对应评语论域 V 中 V_i 的隶属关系，也就是从因素 U_i 着眼被评价为 V_i 等级的隶属关系。第四，根据给定的权重向量 A，选择合适的合成算子，将 A 与 R 合成得到模糊综合评价结果 B。第五，对 B 进行模糊综合评价分析，得到评价对象的评价结果。

6.1.2　企业环境绩效评价指标体系

6.1.2.1　构建环境绩效的评价指标体系与评语集

环境绩效的评价指标体系集合为 $U=\{U_1, U_2, \cdots, U_n\}$ 共 n 个因素，n 为评价方面个数，代表影响环境绩效的各种影响因素。本研究结合企业环境绩效指标体系应披露经济效益、环境效益和社会效益这“三重底线”信息的国际惯例，借鉴国际环境绩效评价指标体系并依据我国法律法规，将环境绩效指标体系设置为 5 个一级指标，分别为环境守法指标，内部环境管理指标，外部沟通指标，安全卫生指标和先进性指标，各个一级指标又分为若干二级指标（内容见表 6-10）。

按照本研究环境绩效指标的设置，环境绩效的评价指标体系集合 $U=$ {环境守法、内部环境管理、外部沟通、安全卫生、先进性} 共 5 个因素构成。

再对各因素 $U_i(i=1, 2, \cdots, n)$ 作划分，得到第二级因素集合，$U_i=\{U_{i1}, U_{i2}, \cdots, U_{ij}\}(i=1, 2, \cdots, n)$。$U_1=$ {排污费交纳情况 U_{11}，新建、改建、扩建项目的环境保护手续完备性 U_{12}，排污许可证的合法性 U_{13}，禁用品的杜绝 U_{14}，危险固体废弃物处置率 U_{15}}；$U_2=$ {环境教育培训人时数 U_{21}，环境管理系统 U_{22}，环保投资比例 U_{23}}；$U_3=$ {相关投诉件数 U_{31}，资助社会环保活动资金 U_{32}，环境报告的发布 U_{33}，用户认同度 U_{34}，社会美誉度 U_{35}}；$U_4=$ {电磁辐射 U_{41}，职业病件数 U_{42}，环境事故发生

件数 U_{43}，环境事故赔偿金额 $U_{44}\}$；$U_5=\{$单位能源消耗的产量 U_{51}，单位水污染物排放的产量 U_{52}，循环用水率 U_{53}，单位气污染物排放的产量 $U_{54}\}$。显然 U_i 中共有 j 个因素，U 共有 Σj 个因素。

评价集合为 $V=\{V_1, V_2, \cdots, V_n\}$ 共 n 个等级，其中 n 是评价等级的个数，如 $V=\{$很好，好，一般，差，很差$\}$共5个等级；设相应的评价等级分行向量 $\boldsymbol{C}=\{C_1, C_2, C_3, C_4, C_5\}$，如评价等级为 $\boldsymbol{C}=(100、80、60、40、20)$。

6.1.2.2 确定指标权重系数矩阵

在确定多层次环境绩效指标框架以后，各个级别的各种评价指标权重的确定直接影响环境绩效综合评价的结果。本书根据专家咨询法（Delphi Method）和层次分析法（The Analytial Hierarchy Process，AHP❶）确定权重（Bolloju N. 2001）[180]，邀请了20位有关专家，对各一级指标和构成各一级指标的二级指标的重要程度作两两比较，填写表格并打分，以便确定各评价指标的权重。通过各层次因素集合中的元素两两比较，确定某一因素对于另一因素的相对重要性，并赋予一定的分值，构造比较判断矩阵。此过程通常采用的标度准则为Thomas. L. Saaty教授提出的1-9标度法，见表6-1。

---

❶ 层次分析法（Analytic Hierarchy Process，AHP）是20世纪70年代由著名运筹学家Thomas L. Saaty提出的，该方法作为一种定性和定量相结合的工具，得到了广泛的应用。层次分析法把复杂问题分解成各个组成因素，又将这些因素按支配关系分组形成递阶层次结构。通过两两比较的方式确定层次中诸因素的相对重要性，然后综合有关人员的判断，确定被选方案相对重要性的总排序，整个过程体现了人们分解、判断、综合的思维特征。此方法已广泛应用于各个领域，取得了良好的效果。

表 6-1　1-9 标度法

标度值	表示的意义
1	指标 U_i 与 U_j 比较，具有相同的重要性
3	指标 U_i 与 U_j 比较，U_i 比 U_j 稍微的重要
5	指标 U_i 与 U_j 比较，U_i 比 U_j 明显的重要
7	指标 U_i 与 U_j 比较，U_i 比 U_j 非常的重要
9	指标 U_i 与 U_j 比较，U_i 比 U_j 绝对的重要
倒数	若指标 U_i 与 U_j 比较的判断值为 C_{ij}，则 U_j 与 U_i 标记的判断值 $C_{ji}=1/C_{ij}$

根据 20 位专家的经验判断，笔者根据填表结果推算出判断矩阵。以内部环境管理的重要程度表为例，假设某专家填写表 6-2，笔者根据填表结果推算出相应的判断矩阵

$$A'_2=\begin{bmatrix}1 & 3 & 1\\ 1/3 & 1 & 1/3\\ 1 & 3 & 1\end{bmatrix}$$

表 6-2　内部环境管理重要程度表

分值	重要程度	环境教育培训人时数相比环境管理系统	环境教育培训人时数相比环保投资比例	环境管理系统相比环保投资比例
9	绝对重要			
7	影响强烈			
5	明显重要			
3	稍微重要	√		
1	同等重要		√	
1/3	稍微不重要			√
1/5	明显不重要			
1/7	影响不强烈			
1/9	绝对不重要			

根据20位专家对同一属性给出的判断，会有20个判断矩阵，先对20个专家所构造的判断矩阵以算术均值法综合成一个判断矩阵，按照Thomas L. Saaty的层次分析法确定指标权重[181]，再对判断矩阵计算结果进行一致性检验，即通过对相容比（*CR*）指标，检验比较矩阵的相容性（一致性）。*CR*的定义为$CR = CI/RI$，式中，*CI*为相容指数，*RI*为随机指数。相容指数$CI = (\lambda_{max} - n)/(n-1)$，*RI*为随机生成的比较矩阵的*CI*的平均值，是有表可查的随机一致性指标（见表6-3）。若*CR*值大于0.10，则意味着结果是不可信的，若*CR*值小于或等于0.10被认为结果可以接受。

表6-3　随机矩阵的平均相容性（随机*RI*指标值）

阶数	1	2	3	4	5	6	7	8	9	10
RI	0	0	0.58	0.90	1.12	1.24	1.32	1.41	1.45	1.49

按照上述方法构造判断矩阵并计算环境绩效一级、二级指标的权重，各表中的*CR*值均符合层次分析法（AHP）计算权重方法的一致性原则（计算过程见附录）。

A　确定各一级指标的权重

各一级指标的权重$A = \{A_1, A_2, \cdots, A_n\}$，满足$A_1 + A_2 + \cdots + A_n = 1$，$n = 5$，按照层次分析法（AHP）确定指标权重[181]，见表6-4。

B　确定各二级指标的权重

各二级指标的权重$A_i = \{A_{i1}, A_{i2}, \cdots, A_{ij}\}$且满足$A_{i1} + A_{i2} + \cdots + A_{ij} = 1$（$i = 1, 2, \cdots, 5$），各二级指标的权重具体见表6-5～表6-9。

表 6-4　环境绩效评价一级指标判断矩阵

环境评价指标	环境守法 A_1	内部环境管理 A_2	外部沟通 A_3	安全卫生 A_4	先进性 A_5	总权重
环境守法 A_1	1	5.74	6.6	6.53	2.65	0.51
内部环境管理 A_2	1/5.74	1	3.16	1.49	1/2.17	0.115
外部沟通 A_3	1/6.6	1/3.16	1	1/2.12	1/6.84	0.044
安全卫生 A_4	1/6.53	1/1.49	2.12	1	1/3.22	0.082
先进性 A_5	1/2.65	2.17	6.84	3.22	1	0.249
$\lambda_{max}=5.136$			$CR=0.03<0.1$			

表 6-5　环境守法二级指标判断矩阵

环境守法指标 A_1	排污费交纳情况 A_{11}	新建、改建、扩建项目的环境保护手续完备性 A_{12}	排污许可证的合法性 A_{13}	禁用品的杜绝 A_{14}	危险固体废弃物处置率 A_{15}	权重
排污费交纳情况 A_{11}	1	1/2.09	1/2.55	1/1.82	1/1.64	0.11
新建、改建、扩建项目的环境保护手续完备性 A_{12}	2.09	1	1/1.22	1.15	1.28	0.23
排污许可证的合法性 A_{13}	2.55	1.22	1	1.4	1.56	0.28
禁用品的杜绝 A_{14}	1.82	1/1.15	1/1.4	1	1.11	0.20
危险固体废弃物处置率 A_{15}	1.64	1/1.28	1/1.56	1/1.11	1	0.18
$\lambda_{max}=5.002$			$CR=0.00045<0.1$			

表 6-6 内部环境管理二级指标判断矩阵

内部环境管理指标 A_2	环境教育培训人时数 A_{21}	环境管理系统 A_{22}	环保投资比例 A_{23}	权　重
环境教育培训人时数 A_{21}	1	1/1.68	1/1.32	0.25
环境管理系统 A_{22}	1.68	1	1.27	0.42
环保投资比例 A_{23}	1.32	1/1.27	1	0.33
$\lambda_{max}=3.0007$　　$CR=0.006<0.1$				

表 6-7 外部沟通二级指标判断矩阵

外部沟通 A_3	相关投诉件数 A_{31}	资助社会环保活动资金 A_{32}	环境报告的发布 A_{33}	用户认同度 A_{34}	社会美誉度 A_{35}	权重
相关投诉件数 A_{31}	1	1/1.03	1.28	4.57	4	0.30
资助社会环保活动资金 A_{32}	1.03	1	1.32	4.71	5.5	0.32
环境报告的发布 A_{33}	1/1.28	1/1.32	1	3.57	5	0.25
用户认同度 A_{34}	1/4.57	1/4.71	1/3.57	1	2.33	0.08
社会美誉度 A_{35}	1/4	1/5.5	1/5	1/2.33	1	0.05
$\lambda_{max}=5.0377$　　$CR=0.0084<0.1$						

表 6-8 安全卫生二级指标判断矩阵

安全卫生 A_4	电磁辐射 A_{41}	职业病件数 A_{42}	环境事故发生件数 A_{43}	环境事故赔偿金额 A_{44}	权 重
电磁辐射 A_{41}	1	1/1.87	1/2.07	1/1.73	0.15
职业病件数 A_{42}	1.87	1	1/1.11	1.08	0.28
环境事故发生件数 A_{43}	2.07	1.11	1	1.2	0.31
环境事故赔偿金额 A_{44}	1.73	1/1.08	1/1.2	1	0.26
$\lambda_{max}=4.0037$			$CR=0.0014<0.1$		

表 6-9 先进性二级指标判断矩阵

先进性 A_5	单位能源消耗的产量 A_{51}	单位水污染物排放的产量 A_{52}	循环用水率 A_{53}	单位气污染物排放的产量 A_{54}	权 重
单位能源消耗的产量 A_{51}	1	1.71	1.03	4.8	0.36
单位水污染物排放的产量 A_{52}	1/1.71	1	1/1.67	2.63	0.21
循环用水率 A_{53}	1/1.03	1.67	1	4.38	0.35
单位气污染物排放的产量 A_{54}	1/4.8	1/2.63	1/4.38	1	0.08
$\lambda_{max}=4.02$			$CR=0.0074<0.1$		

6.1.2.3 企业环境绩效指标体系与权重

企业环境绩效指标体系与权重见表 6-10。

表 6-10 企业环境绩效指标体系与权重

序号	一级指标 U_i	权重 A_i	序号 ij	二级指标 U_{ij}	权重 A_{ij}
1	环境守法（U_1）	0.51	1	排污费交纳情况（U_{11}）	0.11
			2	新建、改建、扩建项目的环境保护手续完备性（U_{12}）	0.23
			3	排污许可证的合法性（U_{13}）	0.28
			4	禁用品的杜绝（U_{14}）	0.20
			5	危险固体废弃物处置率（U_{15}）	0.18
2	内部环境管理（U_2）	0.115	1	环境教育培训人时数（U_{21}）	0.25
			2	环境管理系统（U_{22}）	0.42
			3	环保投资比例（U_{23}）	0.33
3	外部沟通（U_3）	0.044	1	相关投诉件数（U_{31}）	0.30
			2	资助社会环保活动资金（U_{32}）	0.32
			3	环境报告的发布（U_{33}）	0.25
			4	用户认同度（U_{34}）	0.08
			5	社会美誉度（U_{35}）	0.05
4	安全卫生（U_4）	0.082	1	电磁辐射（U_{41}）	0.15
			2	职业病件数（U_{42}）	0.28
			3	环境事故发生件数（U_{43}）	0.31
			4	环境事故赔偿金额（U_{44}）	0.26
5	先进性（U_5）	0.249	1	单位能源消耗的产量（U_{51}）	0.36
			2	单位水污染物排放的产量（U_{52}）	0.21
			3	循环用水率（U_{53}）	0.35
			4	单位气污染物排放的产量（U_{54}）	0.08

6.2 实证

为了使上述分析更有实践意义，以河北 HF 发电有限责任公司为研究对象，运用模糊综合评价分析模型进行一次全过程的企业环境绩效评价。

6.2.1 企业基本情况

河北 HF 发电有限责任公司（简称 HF 发电），是河北省电力行业中第一家中外合作企业。公司规划总装机容量 1200MW（兆瓦），分两期建设。公司一期工程建设安装 2×300MW 燃煤发电机组，1993 年 12 月 10 日正式开工兴建，1996 年 12 月 15 日两台机组全部投产发电，设计年发电能力达 36 亿 kW·h。公司自两台机组投产以来，通过加强生产管理和经营管理，取得了丰硕的生产经营成果。1999 年 6 月，公司被国家电力公司命名为“电力安全文明生产达标企业”，被华北电力集团公司命名为“无渗漏火力发电厂”，2000 年，被国家电力公司命名为“一流火力发电厂”。该公司在抓好物质文明建设的同时，重视并认真抓好精神文明建设，并取得了非凡的成绩。在各级政府的大力支持下，HF 发电二期工程前期工作取得一定进展。二期工程补充项目建议书已上报国家计委，环境保护评价大纲已通过评审，可行性研究初步审查已完成。HF 发电在发电过程中会产生废水、废气、废渣污染，其中，废气污染物质主要是 SO_2；废水主要是含 COD、硫、铅、锌、镉等化学物质的电解水、冷却水、残液、浸出废水等；废渣主要是发电所用燃煤产生的粉煤灰。

6.2.1.1 公司的环保管理机制

首先，在环保机构设置上，HF 发电成立了总经理负责的环保领导小组，并设立了安全环保部，各二级单位成立以生产副总经理为组长的环保工作小组，设专职环保管理员，各工段、班组也指定专人负责环保工作，形成了公司—分厂—工段—班组四级环保管理网络，全面协调、管理各项环保工作。另外 HF

发电还组织专门小组负责全公司的废水、废气、废渣的监测，具体监测频次为：总废水外排口4次/月，车间废水排口1次/月，烟气排放口12~24次/a，废渣样本1~2次/a，监督相关环境目标、指标的达标情况，并向安全环保部汇报。

其次，公司有一套相对完善的环境管理文件和环境管理模式。相关的环境管理文件包括《供应商选定与管理流程》、《环境监测与测量控制程序》、《生产过程节能降耗管理规定》、《环境体系不符合与纠正预防措施控制程序》、《废弃物管理规定》等。在环境管理实践中，严格执行环境管理制度，如企业新、改、扩建项目“环境影响评价”和“三同时”制度执行率达到100%，并经环保部门验收合格；企业严格执行“环保经济责任制”、“环保目标责任书”管理制度等。

6.2.1.2 公司的环境绩效

公司的环境绩效主要表现为以下方面：

第一，环境守法性。公司安全环保处负责收集整理与公司有关的环境法律法规和标准，并及时修订公司管理文件，以保证公司的生产经营活动符合法规要求。每年的环境管理体系评审中对环境法律法规的符合性进行了评价。为了更好地保护环境，而不是仅仅符合法规的要求，公司制定了污染物排放内部控制标准，作为项目设计的依据和日常环境管理的要求。

第二，内部环境管理。在环保机构设置上，HF发电成立了总经理负责的环保领导小组，并设立了安全环保部，各二级单位成立以生产副总经理为组长的环保工作小组，设专职环保管理员，各工段、班组也指定专人负责环保工作，形成了公司—分厂—工段—班组四级环保管理网络，全面协调、管理各项环保工作。另外HF发电还组织专门小组负责全公司的废水、废气、废渣的监测，具体监测频次为：总废水外排口4次/月，车间废水排口1次/月，烟气排放口12～24次/a，废渣样本1～2次/a，监督相关环境目标、指标的达标情况，并向安全环保部汇报。此外，公司有一套相对完善的环境管理文件和环境管理模式。相关的环境管理文件包括《供应商选定与管理流程》、《环境监测与测量控制程序》、《生产过程节能降耗管理规定》、《环境体系不符合与纠正预防措施控制程序》、《废弃物管理规定》等。在环境管理实践中，严格执行环境管理制度，如企业新、改、扩建项目“环境影响评价”和“三同时”制度执行率达到100%，并经环保部门验收合格；企业严格执行“环保经济责任制”、“环保目标责任书”管理制度等。

第三，外部沟通。为保证环境绩效不断完善，公司培训中心邀请专家讲学，每年分别针对管理者、操作者和技术人员，组织环境法律法规、公司环境管理制度、环保技术等方面的培训课程，并鼓励个人根据需求报名参加相应的培训。公司在内部网站上发布环境管理制度、环境技术等资料，方便员工学习。由于实施清洁生产，环保资金的大量投入，先进环保设施的正常运行，以及严格的环保管理措施，使全厂环境质量保持了较好的水平，近几年在环保方面获得多项荣誉。此外，公司向有关部门积极发布环境报告，每年为改善所在社区的环境自愿发生绿化支出近20万元，赢得该地区用户的赞誉。

第四，安全卫生。公司领导十分重视安全卫生工作，近年来，环境事故发生态势呈现下降水平。公司严格按国家环保、安全法律法规进行绿色采购。公司采购的发电用煤要求含硫量小于0.8%，灰分小于9.6%，公司控制使用对环境造成污染和对人体有危害的化学材料，优先购买节能型和节约资源的材料，使用高效水处理药剂，使循环水系统减少补水量。向供应商宣传公司的环境方针，积极鼓励和协调供应商开展绿色材料的开发和研制。

第五，先进性。燃煤电厂是二氧化硫的主要排放源，公司通过使用中低硫煤控制二氧化硫的排放量。为了进一步削减二氧化硫的排放，公司引进国际先进技术进行削减二氧化硫的行动。随着二期工程的建设，电厂装机容量增大，烟气污染源比较集中，根据国家环境保护部公布的《国家环境保护“十五”计划》及该城市《空气环境质量达标规划》有关文件精神，一期工程必须建设脱硫设施或采取其他有效的治理措施。该公司2003年开展了脱硫方案的调研，确定了1、2号机组加装脱硫装置的计划，2004年4月委托国电环境保护研究院进行了可行性研究。目前该公司1号炉烟气脱硫技改工程已按计划顺利完成，脱硫工艺用水全部采用电厂循环水，脱硫装置的投产，每年可减少二氧化硫排放量3500t，减少排污费1130.3万元，烟气中二氧化硫的达标率为97.28%，这将对该市二氧化硫排放削减做出巨大贡献，对改善周边地区以及该市的环保质量具有显著的意义。

HF发电下属的粉煤灰公司，在2003年至2006年四年的粉煤灰销售中，分别实现销售收入432.3万元、536.2万元、760万元、1360万元，效益连续四年递进增长，实现了粉煤灰不落地处理的目标；所有炉渣实现外包处理，每年创造利润50万元；灰场的往年存灰已销售过半，年销售额300多万元，没有再征用新的耕地做灰场，仅此一项为公司节省了2亿多元的征地费用；过去灰砂漫天的灰场现已改造成集绿化、养殖为一体的生态园区，每年仅环保罚款就减少了200多万元，成为华北区域粉煤灰综合利用的样板。1999年，公司抓住国家发改委提出的“创造条件大力发展粉煤灰综合利用”这个有利时机，获取了产品进京许可，占领了山东、保定、北京、天津等省市粉煤灰市场，与3个大型工程的施工建设达成了长期供灰协议，完成了粉煤灰的商标注册。2002年至2006年，新建立的用灰客户就达到5家，使用HF发电分选等级干灰的客户扩展到25家，市场遍布北京、保定、沧州、石家庄、德州及衡水周边各县；粗灰客户已达到23家，本区域的水泥厂、烧结砖厂都使用该公司粗灰。现在HF发电的粉煤灰综合利用率已达到100%。目前HF发电结合脱硫系统的投产，摸索循环型经济新模式，建立石粉厂并引进山东泰和建材公司作为战略投资伙伴，将石膏全部就地利用，每年可为公司创造利润300多万元。

该公司致力于生产和环境的协调发展，推行清洁生产，配套完善的环保设施，废水通过先进技术做到循环再利用，并使排放的废水在同行业中污染最低，废水处理率为100%，废水处理达标率为97%。

6.2.2 对HF发电的环境绩效进行综合评价

6.2.2.1 建立因素集合 $\boldsymbol{U}$ 和评价集合 $\boldsymbol{V}$

按照本研究环境绩效指标的设置，因素集合 $\boldsymbol{U}=\{$环境守法、内部环境管理、外部沟通、安全卫生、先进性$\}$ 共5个因素构成；再对各因素 $\boldsymbol{U}_i(i=1, 2, \cdots, n)$ 作划分，得到第二级因素集合，$\boldsymbol{U}_i=\{\boldsymbol{U}_{i1}, \boldsymbol{U}_{i2}, \cdots, \boldsymbol{U}_{ij}\}(i=1, 2, \cdots, n)$，$\boldsymbol{U}_i$ 中共有 j 个因素，$\boldsymbol{U}$ 共有 Σj 个因素。

评价集合为 $\boldsymbol{V}=\{$很好，好，一般，差，很差$\}$ 共5个等级，设相应的评价等级分行向量 $\boldsymbol{C}=(100、80、60、40、20)$。

6.2.2.2 确定评价指标的权重 A

本研究按照20位专家的评价结果，根据确定评价指标权重的方法和程序进行了数据处理，确定各评价指标的权重，并且随机一致性比例 CR 均小于0.1，可以判断矩阵是相容的。按照以上分析步骤列出表6-10。

6.2.2.3 确定隶属度

请各位专家，即对企业总体情况比较了解的企业中高层管理或技术人员和企业外部专家给出评语，所有指标对应各评语的隶属度均按如下方法进行计算：

设 $\boldsymbol{R}_{ij} = \boldsymbol{V}_{ij}/\sum_{i=1}^{n}\boldsymbol{V}_{ij}$ ($j=1, 2, \cdots, m$)，根据 $\boldsymbol{R}_{ij}$ 的值即可得到某指标对各评价档次的隶属度组成的行向量 $\boldsymbol{R}_i$。

隶属度和隶属函数确定的正确与否对评价结果的可信度有直接影响，采用逻辑推理指派法，根据企业提供的各项指标的统计资料和有关国家标准规定的标准值作为原始资料，确定各指标的隶属函数。聘请企业内外专家20人成立考评小组，对二级目标的各项指标进行考评，得到一个考评矩阵，将考评矩阵归一化处理后得到单因素考核矩阵。

以排污费交纳情况 $\boldsymbol{U}_{11}$ 指标的模糊隶属度的确定为例：考评小组20位人员对该指标打分情况为：6人打很好，5人打好，4人打一般，3人打差，2人打很差；则模糊隶属度分别为：$\boldsymbol{V}_1 = 6/20 = 0.3$；$\boldsymbol{V}_2 = 5/20 = 0.25$；$\boldsymbol{V}_3 = 4/20 = 0.2$；$\boldsymbol{V}_4 = 3/20 = 0.15$；$\boldsymbol{V}_5 = 2/20 = 0.1$。

经过企业内外20个专家的评分，可以得到各个指标的隶属度，结果见表6-11。

6.2.2.4 进行模糊评价

根据表6-11，分别得出环境守法、内部环境管理、外部沟通、安全卫生和先进性指标的模糊关系矩阵 $\boldsymbol{R}_1$，$\boldsymbol{R}_2$，$\boldsymbol{R}_3$，$\boldsymbol{R}_4$，$\boldsymbol{R}_5$。

表 6-11 HF 发电环境绩效指标隶属度

一级指标 U_i	二级指标 U_{ij}	隶属度 R_i				
		很好	好	一般	差	很差
环境守法	排污费交纳情况	0.3	0.25	0.2	0.15	0.1
	新建、改建、扩建项目的环境保护手续完备性	0.2	0.2	0.35	0.25	0
	排污许可证的合法性	0.3	0.2	0.4	0.1	0
	禁用品的杜绝	0.2	0.3	0.3	0.2	0
	危险固体废弃物处置率	0.2	0.25	0.3	0.25	0
内部环境管理	环境教育培训人时数	0.3	0.2	0.3	0.2	0
	环境管理系统	0.2	0.35	0.2	0.25	0
	环保投资比例	0.25	0.4	0.25	0.1	0
外部沟通	相关投诉件数	0.1	0.3	0.4	0.2	0
	资助社会环保活动资金	0.2	0.4	0.2	0.2	0
	环境报告的发布	0.15	0.25	0.3	0.2	0.1
	用户认同度	0.2	0.2	0.3	0.2	0.1
	社会美誉度	0.2	0.3	0.3	0.2	0
安全卫生	电磁辐射	0.2	0.3	0.3	0.2	0
	职业病件数	0.2	0.3	0.3	0.2	0
	环境事故发生件数	0.1	0.2	0.3	0.3	0.1
	环境事故赔偿金额	0.25	0.35	0.2	0.1	0.1
先进性	单位能源消耗的产量	0.2	0.3	0.3	0.2	0
	单位水污染物排放的产量	0.3	0.2	0.3	0.2	0
	循环用水率	0.2	0.25	0.4	0.15	0
	单位气污染物排放的产量	0.25	0.35	0.2	0.1	0.1

$$\boldsymbol{R}_1 = \begin{bmatrix} 0.3 & 0.25 & 0.2 & 0.15 & 0.1 \\ 0.2 & 0.2 & 0.35 & 0.25 & 0 \\ 0.3 & 0.2 & 0.4 & 0.1 & 0 \\ 0.2 & 0.3 & 0.3 & 0.2 & 0 \\ 0.2 & 0.25 & 0.3 & 0.25 & 0 \end{bmatrix}$$

$$R_2 = \begin{bmatrix} 0.3 & 0.2 & 0.3 & 0.2 & 0 \\ 0.2 & 0.35 & 0.2 & 0.25 & 0 \\ 0.25 & 0.4 & 0.25 & 0.1 & 0 \end{bmatrix}$$

$$R_3 = \begin{bmatrix} 0.1 & 0.3 & 0.4 & 0.2 & 0 \\ 0.2 & 0.4 & 0.2 & 0.2 & 0 \\ 0.15 & 0.25 & 0.3 & 0.2 & 0.1 \\ 0.2 & 0.2 & 0.3 & 0.2 & 0.1 \\ 0.2 & 0.3 & 0.3 & 0.2 & 0 \end{bmatrix}$$

$$R_4 = \begin{bmatrix} 0.2 & 0.3 & 0.3 & 0.2 & 0 \\ 0.2 & 0.3 & 0.3 & 0.2 & 0 \\ 0.1 & 0.2 & 0.3 & 0.3 & 0.1 \\ 0.25 & 0.35 & 0.2 & 0.1 & 0.1 \end{bmatrix}$$

$$R_5 = \begin{bmatrix} 0.2 & 0.3 & 0.3 & 0.2 & 0 \\ 0.3 & 0.2 & 0.3 & 0.2 & 0 \\ 0.2 & 0.25 & 0.4 & 0.15 & 0 \\ 0.25 & 0.35 & 0.2 & 0.1 & 0.1 \end{bmatrix}$$

根据表6-10，分别得出环境守法、内部环境管理、外部沟通、安全卫生、先进性各评价要素的权重系数矩阵 A_1，A_2，A_3，A_4，A_5 以及各一级指标的权重系数矩阵 A。

$A_1 = (0.11, 0.23, 0.28, 0.20, 0.18)$；

$A_2 = (0.25, 0.42, 0.33)$；

$A_3 = (0.30, 0.32, 0.25, 0.08, 0.05)$；

$A_4 = (0.15, 0.28, 0.31, 0.26)$；

$A_5 = (0.36, 0.21, 0.35, 0.08)$；

$A = (0.51, 0.115, 0.044, 0.082, 0.249)$

利用模糊层次综合评价的计算模型 $B_i = A_i \cdot R_i$，计算各个评价指标的一级评价模糊评价向量 B_i。

环境守法的模糊评价向量 B_1 为：

$$B_1 = A_1 \cdot R_1 = (0.11, 0.23, 0.28, 0.20, 0.18) \times \begin{bmatrix} 0.3 & 0.25 & 0.2 & 0.15 & 0.1 \\ 0.2 & 0.2 & 0.35 & 0.25 & 0 \\ 0.3 & 0.2 & 0.4 & 0.1 & 0 \\ 0.2 & 0.3 & 0.3 & 0.2 & 0 \\ 0.2 & 0.25 & 0.3 & 0.25 & 0 \end{bmatrix}$$

$$= (0.239, 0.2345, 0.3285, 0.187, 0.011)$$

按照隶属度最大（0.3285）原则，环境守法属于“一般”的等级。

内部环境管理的模糊评价向量 B_2 为：

$$B_2 = A_2 \cdot R_2 = (0.25, 0.42, 0.33) \times \begin{bmatrix} 0.3 & 0.2 & 0.3 & 0.2 & 0 \\ 0.2 & 0.35 & 0.2 & 0.25 & 0 \\ 0.25 & 0.4 & 0.25 & 0.1 & 0 \end{bmatrix}$$

$$= (0.2415, 0.329, 0.2415, 0.188, 0)$$

按照隶属度最大（0.3290）原则，内部环境管理属于“好”的等级。

外部沟通的模糊评价向量 B_3 为：

$$B_3 = A_3 \cdot R_3 = (0.30, 0.32, 0.25, 0.08, 0.05) \times$$

$$\begin{bmatrix} 0.1 & 0.3 & 0.4 & 0.2 & 0 \\ 0.2 & 0.4 & 0.2 & 0.2 & 0 \\ 0.15 & 0.25 & 0.3 & 0.2 & 0.1 \\ 0.2 & 0.2 & 0.3 & 0.2 & 0.1 \\ 0.2 & 0.3 & 0.3 & 0.2 & 0 \end{bmatrix}$$

$$=(0.158, 0.312, 0.3, 0.2, 0.033)$$

按照隶属度最大（0.312）原则，外部沟通属于“好”的等级。

安全卫生的模糊评价向量 $\boldsymbol{B}_4$ 为：

$$\boldsymbol{B}_4 = \boldsymbol{A}_4 \cdot \boldsymbol{R}_4 = (0.15, 0.28, 0.31, 0.26) \times$$

$$\begin{bmatrix} 0.2 & 0.3 & 0.3 & 0.2 & 0 \\ 0.2 & 0.3 & 0.3 & 0.2 & 0 \\ 0.1 & 0.2 & 0.3 & 0.3 & 0.1 \\ 0.25 & 0.35 & 0.2 & 0.1 & 0.1 \end{bmatrix}$$

$$= (0.182, 0.282, 0.274, 0.205, 0.057)$$

按照隶属度最大（0.2820）原则，安全卫生属于“好”的等级。

先进性的模糊评价向量 $\boldsymbol{B}_5$ 为：

$$\boldsymbol{B}_5 = \boldsymbol{A}_5 \cdot \boldsymbol{R}_5 = (0.36, 0.21, 0.35, 0.08) \times$$

$$\begin{bmatrix} 0.2 & 0.3 & 0.3 & 0.2 & 0 \\ 0.3 & 0.2 & 0.3 & 0.2 & 0 \\ 0.2 & 0.25 & 0.4 & 0.15 & 0 \\ 0.25 & 0.35 & 0.2 & 0.1 & 0.1 \end{bmatrix}$$

$$= (0.225, 0.2655, 0.327, 0.1745, 0.008)$$

按照隶属度最大（0.327）原则，先进性属于“一般”的等级。

将上述评价向量作为上一层的模糊评价矩阵，就可以得到环境绩效指标的综合模糊关系矩阵 $\boldsymbol{R}$：

$$\boldsymbol{R} = \begin{bmatrix} 0.239 & 0.2345 & 0.3285 & 0.187 & 0.011 \\ 0.2415 & 0.329 & 0.2415 & 0.188 & 0 \\ 0.158 & 0.312 & 0.3 & 0.2 & 0.033 \\ 0.182 & 0.282 & 0.274 & 0.205 & 0.057 \\ 0.225 & 0.2655 & 0.327 & 0.1745 & 0.008 \end{bmatrix}$$

计算环境绩效指标的模糊层次综合评价向量

$$\boldsymbol{B}: \boldsymbol{B} = \boldsymbol{A} \cdot \boldsymbol{R} = (0.51, 0.115, 0.044, 0.082, 0.249) \times \begin{bmatrix} 0.239 & 0.2345 & 0.3285 & 0.187 & 0.011 \\ 0.2415 & 0.329 & 0.2415 & 0.188 & 0 \\ 0.158 & 0.312 & 0.3 & 0.2 & 0.033 \\ 0.182 & 0.282 & 0.274 & 0.205 & 0.057 \\ 0.225 & 0.2655 & 0.327 & 0.1745 & 0.008 \end{bmatrix}$$

$$= (0.2275, 0.2604, 0.3124, 0.1860, 0.0137)$$

按照隶属度最大（0.3124）原则，该企业环境绩效属于“一般”等级。

6.2.2.5 综合评分

该评价体系的评语等级 $\boldsymbol{V}$ = {很好，好，一般，差，很差} 共 5 个等级；相应的评分值 $\boldsymbol{C}$ = [100，80，60，40，20]，根据

$\boldsymbol{W}=\boldsymbol{B}\cdot\boldsymbol{C}^{\mathrm{T}}$ 计算最终综合评分。其中 $\boldsymbol{W}$ 为综合评分值，$\boldsymbol{B}$ 为最终综合评价向量，$\boldsymbol{C}$ 为评价等级分行向量，$\boldsymbol{C}^{\mathrm{T}}$ 为 $\boldsymbol{C}$ 的转置矩阵。若 $\boldsymbol{W}\geqslant 100$，则企业的环境绩效为很好；若 $80\leqslant\boldsymbol{W}\leqslant 100$，则企业的环境绩效在好与很好之间；若 $60\leqslant\boldsymbol{W}\leqslant 80$，则企业的环境绩效在一般与好之间；若 $40\leqslant\boldsymbol{W}\leqslant 60$，则企业的环境绩效在差与一般之间；若 $20\leqslant\boldsymbol{W}\leqslant 40$，则企业的环境绩效在很差与差之间；若 $\boldsymbol{W}\leqslant 20$，则企业的环境绩效为很差[62]。

该企业的环境绩效综合得分为：

$$
\begin{aligned}
\boldsymbol{W} &= \boldsymbol{B}\cdot\boldsymbol{C}^{\mathrm{T}} \\
&= 0.2275\times 100+0.2604\times 80+0.3124\times 60+ \\
&\quad 0.1860\times 40+0.0137\times 20 \\
&= 70.04
\end{aligned}
$$

结果表明，该企业的环境绩效介于一般与好之间。环境绩效分值的大小反映了不同企业环境绩效的优劣，为企业进行环境绩效综合评价提供了科学依据。

从以上实证分析可以看出，建立的企业实施环境绩效评价指标体系及评价模型在企业实践中是可行的，不仅能够对企业环境绩效的评价给出综合的量化评价结果，也可以进行单因素评价，可以看出企业在影响环境绩效的各环节中哪些方面实施得好，哪些方面还有待改进，对企业环境绩效的提高能够起到一定的指导作用。

采用模糊综合评价方法，评价过程不仅考虑了所有因素的影响，还保留了各级评价指标的信息，计算中对各因素配以不同的权重系数，能突出重要的评价项目，其量化结果能较好地反映实际情况，且能方便地转化成具体的得分值，便于结果的直观比较和排序。模糊综合评价法能基本解决对企业的环境绩效难以进行“量化”评价的问题，使得“量化”结果更能直观地反映企业环境绩效的优劣，进而激励企业管理层采取有效措施进行环境治理[182]。

企业环境绩效指标体系的设置和评价是一个比较复杂的研究课题，建立一个实用、完善的综合评价指标体系对于企业环境绩效的改善有着重要意义。随着政治、经济、环境的变化，探索适合时代特点的环境绩效评价方法的任务还相当艰巨，也是一个漫长的过程。

7 总结与研究展望

自从进入工业社会以来，环境问题日益凸现，人类在取得物质文明的同时，也不得不为高能耗、高污染的经济发展模式付出惨痛的代价，全球面临着环境污染、资源能源枯竭的严重威胁，生态环境问题严重影响着人类的生存和发展。企业是社会财富的创造者，同时也是消耗和浪费资源、污染和破坏环境的重要源头，在倡导可持续发展的现代社会，社会各界，尤其是企业在环境保护中的重要作用日益凸现，因此研究我国企业环境成本控制问题对实现我国社会、经济和生态环境的可持续发展具有重要的作用和意义。

目前，我国企业会计在环境保护方面还没有实行统一的会计准则和会计处理方法，难以真实、有效、及时地反映环境因素在企业经营中的成本，更难以向社会及公众披露量化的环境损失等信息。完善企业环境成本的计算和控制是会计界急需探讨的问题。在生产者责任延伸制度下，企业环境成本控制是一项复杂的工作，它贯穿于产品生命周期的全过程，包括产品的设计、原材料的选择和使用、产品的生产制造、产品使用后的处理等环节。目前，尽管有关企业环境成本控制的理论分析取得了丰硕的成果，但迄今为止还没有达成一致的意见。

本书在研读国内外文献的基础上，对环境成本控制相关理论基础进行分析，揭露目前环境成本控制的现状和存在的问题，结合案例分析、实地调查等方法提出了生产者责任延伸制度下企业环境成本控制的框架、现实选择模式及企业环境绩效量化评价方法。

7.1　总结

本书站在可持续发展和对环境负责的高度，按照生产者责任延伸制度的要求，结合美国环保局（1996）对环境成本的界定，以现行财务会计对成本的界定为基础，认为环境成本是指企业因预防和治理环境污染而发生的各种对企业财务有直接影响的支出（内部环境成本），以及由于企业活动可能对个人、社会和环境造成不良影响，目前企业尚未负责的成本（外部环境成本），它的发生会引起企业资产流出或环境负债增加，指出企业发生的环境成本应是外部环境成本和内部环境成本的统一，前者包括传统成本、隐藏成本、偶发成本和形象与关系成本，后者包括环境降级成本、对人类造成影响的成本。

环境成本计量是环境成本控制中比较困难的环节，其计量方法的科学性直接影响到企业利益与社会利益，在总结前人有关环境成本计量方法的基础上，对环境成本的计量方法如作业成本法、产品生命周期分析、完全成本会计进行了深入研究。这些方法不仅能揭示企业的内部和外部环境成本，也是企业的财务工作者计量环境成本时可以选择的基本方法。

按照事前控制、事中控制、事后控制的系统思想，采用事前进行产品工艺生态设计、事中清洁生产控制、事后环境成本审计控制的方法对生产者责任延伸制度下企业的环境成本控制体系提出建议，案例分析的结果证实了这一控制体系控制环境成本的有效性。产品工艺生态设计体现了生产者的行为责任，在事前控制中，主要对产品工艺生态设计的环境成本效益进行分析，并着重分析了材料采购环节的生态设计应以绿色采购为主，产品生产环节的生态设计应重视绿色制造，产品销售环节的生态设计应体现绿色包装，产品回收处理环节的生态设计应注重资源回收和再利用。最后用案例分析的方法指出采用产品工艺生态设计这一事前规划控制方法对产品工艺生命周期环境成本控制，不仅使社会所承担的环境污染治理成本得到有效控制，还使企业在环境成本控制中达到环境效益和经济效益、社会效益的共赢。清洁生产体现了生产者的管理责任，在事中控制中，结合清洁生产的涵义对企业运用清洁生产控制环境成本措施进行探讨，用案例分析的方法对企业清洁生产的成本效益进行分析，指明清洁生产能有效控制和降低环境成本。环境成本审计体现了生产者的环境成本信息披露责任，在事后控制中，主要提出了环境成本审计观点，阐述了环境成本审计的本质，并对环境成本审计依据和审计内容、环境成本审计的推行和信息签证进行了探讨，最后以日本企业进行环境成本审计的案例为我国企业环境成本信息的第三方签证提供经验。由于环境污染源的一半以上来自于污染企业，因此，对污染企业实施环境成本审计将是目前和未来的工作重点之一，对环境成本审计的研究也是目前环境审计理论研究的重点内容。

企业对环境成本控制的结果最终会影响和提高企业的环境绩效，目前国内外对环境绩效的评价标准形成了比较完善的指标体系，这为合理评价企业的环境绩效提供了依据。但是根据这样的指标体系，只能大致判断企业环境绩效的优劣，并不能从数量上评价企业的环境绩效。为此，本书运用专家咨询法，根据层次分析法、模糊数学的原理建立企业环境绩效评价的模糊综合评价模型，对企业的环境绩效进行量化的评价，并考察了其在企业的实际应用，这样就能解决企业的利益相关者对企业的环境绩效难以进行量化评价的问题，量化评价结果更能直观地反映企业环境绩效的优劣，进而激励企业管理层采取有效措施进行环境治理。

7.2 创新点

基于生产者责任延伸制度本研究对环境成本的概念和所包含的内容重新界定。区别于以往的研究，本书把企业活动可能对个人或人类造成不良影响的外部环境成本包括到环境成本的概念中来，扩大了环境成本的内涵和外延。企业活动对人类造成影响的成本，指企业因为生产经营活动而导致环境污染，从而使人类的健康、财产和福利受损，但是，在目前的法律体系下企业尚未承担这些损失的货币表现；采用人力资本法来评价环境污染对人体健康的影响，衡量环境质量因脱离环境质量标准对人们的健康和生活产生的影响；根据对环境成本的界定，环境成本包括内部环境成本和外部环境成本两方面，其中内部环境成本包括传统成本、隐藏成本、偶发成本和形象与关系成本，外部环境成本包括环境降级成本、对人类造成影响的成本；之所以在外部环境成本中突出企业环境污染对人类造成影响的成本，是因为全世界范围内维护人权的呼声越来越高，企业经营一旦涉及危害人类健康的问题，往往会发生巨额的赔偿支出，给企业带来巨大的形象危机和经营危机。因此，本书对环境成本内涵和外延的拓展，为理论研究的深入做了铺垫。

通过查阅上市公司强污染行业披露环境成本信息的状况，对我国环境成本控制现状和存在问题进行分析，提出了基于生产者责任延伸制度的企业环境成本控制框架，对生产者责任延伸制度下企业环境成本控制的目标与原则、控制模式、控制方法以及企业环境成本控制体系的建立进行探讨，以使企业的行为更加友善环境。

提出了基于生产者责任延伸制度的企业环境成本控制的现

实选择。按照事前控制、事中控制、事后控制的系统思想，采用事前进行产品工艺生态设计、事中清洁生产控制、事后环境成本审计控制的方法对生产者责任延伸制度下企业的环境成本控制提出建议，并运用案例分析的方法分析了这三种控制方式在企业中实施的有效性。

企业对环境成本控制的效果最终会影响到企业的环境绩效，针对以往的企业环境绩效国内外评价指标大都对企业进行定性评价的缺陷，运用专家咨询法，根据层次分析法、模糊数学的原理，建立了二级模糊综合评价法的企业环境绩效评价模型，并实地考察了其在企业的实际应用，解决了企业的利益相关者对企业的环境绩效难以量化评价的问题。

7.3 启示与建议

政府应加强环境成本控制工作，为企业控制环境成本创造良好的外部环境。

7.3.1 完善相关环境和会计法律法规

不可否认，为了保护环境我国政府制定了一系列环境和会计方面的法律法规，尽管它们对保护环境起了十分重要的作用，但是，这些法律法规的覆盖面还不全面，各项实施细则还有待完善。国际化标准组织（ISO）制定了一系列环境管理标准体系（ISO 14000 系列），为企业达到这些环境规定提供了环境管理的指南和模式，但是这些标准没有明确企业应该如何对环境成本进行控制，导致现实中企业控制环境成本比较困难。为了规范企业的经济行为，保护公众的利益，政府有必要完善相关的环境法律法规，对企业损害环境的行为严格处罚，规定企业对这部分成本在税后列支，此举可以约束企业的行为要友善环境，促使企业主动控制环境成本，主动将外部环境成本内部化。政府也可以尝试确定并公布重污染企业及环保型企业的排名工作，对于环保达不到既定标准的企业，政府应当究其所引起的外部环境损失，要求企业承担治理成本以延伸其作为生产者的责任；对于环保达标并且环境成本已经内部化了的企业，政府除了给予其各方面的优惠政策以外，还应当帮助这些企业进行宣传，以形成良好的环保风气。此外，我国还没有具体的环境会计准则，环境审计也基本空白，致使企业对环境会计的处理标准不统一，行业间缺乏可比性。因此，政府应制定环境会计和环境审计法规，使企业对环境成本的计量、控制、披露有法可依，保证环境成本信息质量一贯性；同时法规要求污染行业的上市公司披露的环境信息必须经过独立的第三方审计，这样就促使企业从追求短期经济效益过渡到注重长期经济效益与生态效益的统一。

7.3.2 健全绿色税收法律体系

随着环境问题的日益重要，国家税收在一定程度上被赋予了新的职责，作为政府主要的经济控制手段，建立健全绿色税收法律体系是当前环境会计改革和企业加强环境成本控制的基础。目前，我国的绿色税收法律体系还不健全，并不是一个对环境十分友好的税制。世界贸易组织的宗旨是遵照可持续发展的目标，充分利用世界资源以保护环境，我国目前的税制还不能达到这一要求，至少还不能起到抑制污染的作用。绿色税收是包括经济合作与发展组织（OECD）成员国在内的许多国家都普遍接受和重视的税种，仅 OECD 成员国与环境有关的税收收入已占总税收的 3.8% ~11.2%，占 GDP 的 1% ~4.5%。我国在税制改革中只有建立健全绿色税收法律体系并使之发挥对经济的调控作用，才能与国际接轨。可持续发展是人类共同的目标，只有各国共同遵守国际环境公约、消除环境污染的负外部性，这一目标才能实现。

7.3.2.1　我国建立健全绿色税收法律体系的紧迫性

（1）我国现行绿色税收法律体系的缺失。前已述及，我国缺乏以保护环境为目的的专门税种，并且现有的绿色税制措施多是在传统工业条件下制定的，起点低，不能适应现代经济可持续发展的要求；同时这些措施法律层次低、规范性差，未形成系统的绿色税收法律体系，对环境保护的调控力度不够。总体来讲，我国现行的财税政策还没有完全体现“绿色”的要求。

（2）我国现实税制环境发展的客观要求。首先，绿色税收是实现绿色 GDP 核算的内在要求。根据世界银行驻中国代表处统计，2003～2005 年我国 GDP 分别增长了 9.3%、9.5% 和 9.9%，而每年因生态环境破坏造成的经济损失就占 GDP 的 6%～8%，若考虑这种损失后计算出绿色 GDP，则 GDP 增长的质量大打折扣[183]。长期以来我国没能从税收角度去约束资源消耗和环境污染的行为，是导致 GDP 虚增的一个重要原因。绿色税收的缺失使现有税制难以对经济主体的资源使用和环境影响行为进行有效的抑制。当经济发展必须从传统意义上的 GDP 增长转向对绿色 GDP 的追求时，引入绿色税收就成为我国税制调整和改革的重要内容。其次，绿色税收是加大政府环保投资力度的保障。尽管从 1980～2004 年间，我国用于环境保护的投资已从最初的几十亿元增长到 2004 年的 1909.8 亿元，但在 GDP 中所占的比例仍不足 1.5%（最高的 2004 年为 1.4%），而发达国家已达 1.5%～2.5%[184]。《世界银行报告》曾指出当环境保护投资占 GDP 的比例为 1%～1.5% 时，可以控制环境恶化的趋势；当该比例达到 2%～3% 时，环境质量有所改善，基本保证环境与经济社会的协调发展。而上述系列数据表明我国环境保护资金投入明显不足。开征绿色税，政府就能募集环保专项资金、加大环保投资力度、控制环境污染的恶化，这样的税制优化从可持续发展的角度看存在帕累托改进。再次，绿色税收体现代际税负公平原则。税负公平是一国政府在设计和实施税制时首要考虑的原则。英国古典经济学家威廉·佩蒂最早提出这一观点，强调政府在征税时要使纳税人所承担的税负与其经济状况、负担能力相适应，并在纳税人之间保持平衡。因环境资源的稀缺性，现代意义的税收更强调代际公平的税负原则，把后代人放在与当代人同等的地位上考虑，兼顾社会经济与环境资源的协调发展。环境成本的计算不但要考虑代际内的外部成本，更不能忽视环境消费的外部成本在时间上的延续[185]，将那些对后代人的生存和发展造成的环境损害纳入环境成本之中，通过绿色税收的方式筹集治理污染和保护环境的资金。代际税负公平原则避免把当代人破坏环境的恶果转嫁给后代人承担的可能性。

7.3.2.2 完善我国绿色税收法律体系的对策[5]

环境成本信息为政府部门制定绿色税制提供参考依据，基于环境成本的绿色税费额度与绿色税制的出现，更有利于促使企业改进污染治理技术与减少对社会的负面影响。

A 开征环境污染税

我国现行税制体系中环境污染税缺位，难以形成专门的治污资金，弱化税收在环保方面的促进作用。目前，我国主要通过排污收费的方式来筹集治污资金，2004 年国务院颁布的《排污费征收使用管理条例》中虽然明确规定了“排污收费，超标罚款”的原则，但企业所交的超标准排污费远低于污染治理总费用，典型案例是 2004 年发生在沱江的环境污染事故，它造成的损失是2亿元，但环保部门对污染企业的处罚仅为100万元。由于排污收费制度对企业环境违法处罚的力度太小，导致企业的守法成本远高于违法成本，结果形成“谁污染，谁收益”的局面。排污收费制度起不到保护环境的应有作用，而税收的强制性、固定性、无偿性等特征使其更具有法律威慑力，因此有必要改排污费为征税，对排污企业和个人课征环境污染税，形成环保专项资金。按照“谁污染谁缴税”的原则，环境污染税的纳税人应为在中国境内从事有害环境应税产品的生产和存在应税排污行为的单位和个人；其税率应根据污染物的特点实行差别税率，对环境危害程度大的污染物其征税税率应高于对环境危害程度小的污染物的征税税率，同时对保护环境的单位和个人进行适度税收减免；环境污染税的税目应借鉴国外经验并根据我国的实际情况而定，本研究建议应开征空气污染税，水污染税，垃圾税和噪声税。

（1）开征空气污染税。该税种主要以我国境内的企事业单位和个体经营者的锅炉、工业窑炉和其他各种设备设施在生产中排放的烟尘和有害气体为课税对象，并按有害物质种类设置若干子税目，主要包括二氧化硫税和碳税。对二氧化硫税的大排放源应定期进行监测，根据监测数据计征税金；对小排放源则直接按其消耗燃料中的含硫量以及相应的削减措施折算征收。碳税是针对油、煤、天然气、液化石油气、汽油和航空燃料征税。

（2）开征水污染税。该税种是针对排放废水的企事业单位及排放生活废水的城市居民征税。由于废水中污染物种类和浓度各异，需要确定废水排放的“标准单位”，对纳税人的废水排放量按其浓度换算成标准单位计征水污染税并实行有差别的累进税制。

（3）开征垃圾税。该税种是针对排放垃圾的单位和个人征收。可对工业废弃物、农业废弃物、生活废弃物征税，其计税依据可以选择按重量征税、按体积征税等方式。

（4）开征噪声税。该税种是对生产经营过程中产生噪声的生产经营者征收，以造成的噪声超过人的承受能力的分贝值作为征税的依据，如对特种噪声（飞机的起落、建筑噪声）征税。日本、荷兰按飞机着陆次数向航空公司征税，而美国则对每位旅客和每吨货物征收一美元噪声税。

B 完善现有税种

（1）完善资源税。从世界各国资源税的征收范围看，资源税可涉及矿藏资源、土地资源、森林资源、水资源、草场资源以及海洋资源、地热资源、动植物资源等税目。我国现行资源税的征税范围过窄，基本上只对矿藏资源征税，没有对其他大部分自然资源征税，这种税制缺陷刺激企业和个人对非税资源的掠夺性开采，不能从根本上解决我国资源短缺、浪费严重的问题。在资源税的税制改革中：一是扩大征税范围[186]，将资源税的征税对象扩大到矿藏和非矿藏资源。增加水资源税，以有效保护我国短缺的水资源；开征森林资源税和草场资源税，以避免和防止生态破坏行为，待条件成熟后再对土地、地热、海洋、动植物等资源课征资源税，对其他非再生性、非替代性、稀缺性资源课以重税，限制对这类资源的开采；因土地课征的税种属于资源性质，为了使资源税制更加规范和完善，应将土地使用税、耕地占用税、土地增值税并入资源税中，促进我国资源的合理保护和开发。二是改善计税依据，现行资源税以应税资源产品的销售数量或自用数量为计税依据，造成资源的浪费现象，将资源税的计税依据改为按实际生产数量计征。不论产品是否销售或自用，凡是开发、使用国家资源的单位都按其生产数量以量计征，这样能引导纳税人节约资源、避免对资源的过度开采，保障国家资源的充分利用。

（2）调整消费税。2006 年 4 月 1 日国家税务总局对消费税的调整尚不完善，没有将严重消耗资源的奢侈消费品如高档家具纳入消费税的课税范围。同一次性筷子性质一样，高档家具也是以消耗木材资源和破坏生态平衡为代价，若将其纳入课税范围，对于人均森林面积不到世界平均水平的1/4、年家具工业产值2000 亿元和出口额70 亿美元的我国来说，更能提高人们的节约意识。在今后的改革中，消费税应继续加强节约能源和促进环保的功能。一是扩大征税范围。将严重污染环境的物品（如汞镉电池、一次性餐盒、塑料袋、含氟利昂的产品等）列入消费税的征收范围；逐步对高能耗或高物耗的豪华住宅、高档家具、高档服装等奢侈消费品征收较高的消费税。二是完善税收征管[187]。在现行的消费税制中，除珠宝玉石消费税在最终零售环节征收外，其他税目的消费税都在生产、加工、进口等源头环节课征，这样固然能提高税收征管的效率，减少税款流失，但也存在企业通过降低初始环节的价格轻松避税的现实问题。参照美国等一些国家在消费环节征收消费税的经验，建议将消费税的课征逐步移向最终的消费环节并将其由价内税改为价外税，这不仅克服企业避税的行为，还能引导消费者理性消费，充分发挥消费税对经济的调节作用。

（3）健全绿色关税。成功地解决世界范围内的环境问题，需要各国加强合作。当前西方各国大都制定了一系列限制进口的环境标准，实行绿色关税壁垒，对污染环境、影响生态、可能造成环境破坏的进口产品征收进口附加税。作为世界贸易组织的一员，我国也应根据世界贸易和经济绿色化的发展趋势，建立健全既有利于经济发展又有利于环境保护的绿色关税壁垒。在进口税方面，降低低能耗产品进口关税，对相关进口企业给予减免所得税等税收优惠；对导致高能耗的仪器、设备、技术的进口则提高进口关税与进口环节增值税；对国内目前不能生产的污染治理设备、环境监测和研究仪器以及环境无害化技术等进口产品与技术，减征进口关税；严格限制有毒、有害的化学品或对环境造成重大危害的产品进口并提高其进口关税。在出口税方面，在国际允许的范围内，大幅度提高高能耗产品出口关税，降低或取消此类货物的出口退税并对其进行限额管理。健全的绿色关税不仅能使我国抵制发达国家对我国的公害出口等环境掠夺行为，也能促使我国全面适应可持续发展目标下国际贸易发展的新需求[188]。

C 完善我国环境税式支出政策

1967 年美国学者斯坦利 · S · 萨里（Stanleys S. Surrey）首次提出税式支出的概念，并将其纳入国家预算。税式支出指对一些有利于环境保护的行为或设施给予税收减免。我国现行相关环境税式支出政策缺乏针对性和灵活性，税收优惠手段和形式比较单一，针对开展资源综合利用与治理污染企业的财政补贴仅限于少数几项税收优惠，如减税和免税、先征后退等，受益面比较窄，对环境资源市场的调控作用有限，影响了政策实施的效果。完善环境税式支出政策是今后绿色税收改革的重要内容。

（1）明确环境税式支出政策的范围。在投资领域，对企业进行污染治理和环境保护的固定资产允许加速折旧；给予那些在治污初期因投资过大而造成暂时性亏损的企业税前还贷的税收扶持政策。在生产领域，除了以“三废”为原料生产的产品享受免税外，对企业采用清洁生产工艺、清洁能源进行生产或利用循环再生资源进行生产的，给予税收减免（如减免所得税、增值税）或优惠贷款的政策。在消费领域，实行差别税率，对严重污染环境或以不可再生资源为原料生产的产品征收较高的消费税，而对利用可循环再生资源生产的产品征收较低的消费税。在环保领域，鼓励高新环保技术的研究、开发、转让、引进和使用，技术转让收入给予免征或减征营业税和所得税，技术研发费用允许税前扣除，对引进环保技术的企业给予税收优惠。制定环保产业政策促进其优先发展，如减免环保企业的所得税；允许环保设备增值税作进项抵扣；环保设备加速折旧；鼓励环保投资，实行投资抵免或再投资退税政策。

（2）制定再生资源业的税收优惠政策。再生资源业不仅有利于环境保护，而且也有利于资源使用效率的提高。中国工业报2006年10月报道："从世界范围来看，再生资源产业的产值每年可以达到6000亿美元，其中美国达1100亿美元，日本达350亿美元，而我国每年可回收利用但没有回收利用的再生资源价值为350亿~400亿美元。据专家测评回收1t废钢铁，可炼钢约0.8t，节约铁矿石2~3t，节约焦炭1t；回收利用1t废纸，相当于木浆造纸节约纯碱40kg，节电512kW·h，节水47m^3；固体废弃物综合利用率每提高1个百分点，每年就可减少约1000万t废弃物排放。"这充分说明，我国再生资源回收利用的潜力很大。增值税的改革对再生资源业利用废旧物资允许按10%作进项抵扣，在一定程度上促进了再生资源业的发展。今后，绿色税收法律还应继续鼓励废旧物资的回收和利用。加大对再生资源回收利用技术研发费用的税前扣除比例；对生产再生资源回收利用设备的企业及对再生资源回收利用的企业，允许对固定资产加速折旧并减免所得税；对企业购置的相关再生资源回收利用设备，给予在一定额度内实行投资抵免企业当年新增所得税的优惠政策；对废旧物资回收经营单位销售其收购的废旧物资免征增值税[189]。

（3）逐步取消不符合环保要求的税收优惠政策。如取消化肥、农膜、农药（尤其是剧毒农药）的增值税低税率优惠政策；

取消对耗能多、污染严重的涉外企业的税收优惠政策[190]。

7.3.3　明晰界定环境资源产权

环境问题产生的根源在于环境资源的价格没有正确反映环境资源的稀缺程度。在环境资源稀缺程度不断提高的状况下，环境资源的零价格制度导致了环境资源的过度消费，造成能源危机、资源浪费、环境污染、生态破坏等一系列严重后果。解决环境问题的经济学方法就是通过环境资源的合理定价和有偿使用，实现环境资源的有效配置。而产权明晰则是环境资源市场价格等于相对价格的必要前提。

产权是市场经济的基础。市场经济具有多元的经济主体，这些主体拥有自己独立的利益，并为各自利益的最大化而进行交易，这必然要求各主体的产权关系是清晰和明确的。如果进入市场的经济主体产权界定不清，特别是缺乏产权责任约束，市场主体的行为就会扭曲，从而扰乱市场秩序。张五常（2002）指出[191]："显而易见的市场缺陷要么是产权不清的结果，要么是交易成本影响的结果。"企业在生产过程中，如果不清晰界定环境产权，或缺乏产权责任约束，就不会考虑生产过程中的环境成本，"公地的悲剧"就会发生，环境严重污染和退化，威胁着人类的健康和发展。斯密认为，清晰和保护产权是必要的，能够为越来越多的交易和经济增长提供空间。而产权的明确界定和有效转让则是政府的职能。

环境资源产权的不明确性、非专一性和非排他性导致环境资源稀缺程度与市场价格的脱节，进而导致环境资源生产与消费中成本与收益、权利与义务、行为与结果的背离，这是环境恶化的根源。德姆塞茨指出："产权的一个主要功能是引导人们实现将外部性较大地内在化的激励。"科斯认为："如果市场交易时无成本，那么所要做的事情只是使不同的当事人的财产权利明晰地得到定义，从而使合法的行为结果能被容易地预见，如果市场交易成本非常高，那么，要改变由法律所确定的权利结构是非常困难的。在这种场合，立法就要直接影响经济行为。这种影响经济行为的根本目标在于改变以往的立法确定的财产权利结构，使交易成本降低。”根据科斯定理，解决环境外部性问题的有效办法就是通过产权交易使资源的权利边界明晰。科斯主张通过产权谈判和产权界定，使得外部性问题内部化。在科斯看来，如果产权界定是不明确的，政府管制或许是必要的，政府运用立法的手段明晰产权，使资源得到最优配置。政府管制是由政府颁布条例规定人们必须干什么不能干什么，比如政府对于污染问题，可以颁布取消带来污染的生产项目的条例。

长期以来，我国一直存在环境资源产权不明晰或多重产权，环境资源的所有权和使用权混淆，经常表现为两权合一，环境资源产权界定不清，就造成多个所有者争相对资源进行超负荷使用，导致资源的浪费和破坏。

环境产权不明晰的后果就是没有经济主体主动承担环境退化造成的损失，对环境资源的无偿使用，导致环境成本的核算与控制没有明确的范围。因此，为了引导企业更有利于环境的经济行为，政府必须明晰界定资源环境的所有权、使用权等财产权利的归属，并用法律的形式加以监督和保护。政府在对产权明晰时，应该改善产权制度实施的环境：第一，发展环境资源产权市场。如果没有产权市场，环境资源的所有者和使用者都无法根据需要来改变自己的地位；第二，制定保护产权主体的法规，协调各项政策的激励机制。

7.3.4 完善环境成本量化方法

目前，环境成本的计量方法（如替代评价法、复原和避免成本法、调查评价法、影子价格法、法院裁决法等）都存在较明显的局限性，并且环境资源仍未能合理地定价，致使外部环境成本的计量比较困难。环境成本的计量问题是困扰环境成本会计发展与应用的关键问题。此外，企业由于自身经营条件不完善，还不能对污染物的排放进行测量、还不能对周围环境的影响进行评价。因此，政府有必要制定和完善环境会计法规，使企业对环境成本的计量有法可依，保证环境会计信息质量一贯性。由于环境会计涉及生态学、环境经济学、会计学等多方面知识，政府要建立和培训一支高素质的会计和环境知识兼备的管理人才队伍，从技术上保证企业对环境成本的控制。

7.4 研究展望

目前，企业环境成本研究在学术界尚属新开辟的领域，因其跨越多种学科，没有成熟和公认的研究成果，本书也只是在理论探索方面做了一些初步尝试。本书在研究生产者责任延伸制度下企业环境成本控制问题时，存在着一些局限性以及有待进一步研究的问题：

（1）因国外的一些原文资料较难获取，使得本书在对国外发展及成果比较方面不够深入，从而削弱了本研究在理论方面的解释力。从研究方法上看，本书还缺少实证研究的支持。虽然采用案例分析法和实地调查法进行研究，但难免有以偏概全之嫌，导致内容不免偏重于理论。在以后的研究中，对国外环境成本控制理论与研究方法应有选择地引进和吸收。

（2）在构建企业环境绩效评价指标体系时，本书只是一己之见，对问题的探讨尚不够全面和深入，指标设置的科学性、全面性和有用性尚需探讨。

（3）外部环境成本中的环境降级成本，因其不是人类劳动的耗费，不能以劳动价值理论为基础来计量，所以其计量问题是理论界和学术界研究的重点和难点，鉴于本书着重探讨企业环境成本控制问题，没有从会计的视角对该问题进行探讨。今后应对环境降级成本的计量问题深入研究，使环境成本的核算和控制科学化。

参考文献

[1] 王翊亭，井文涌，何强．环境学导论[M]．北京：清华大学出版社，1985：2.

[2] 国务院发展研究中心．中国经济年鉴[M]．北京：中国经济年鉴出版社，2006：72.

[3] 郭晓梅．环境管理会计研究——将环境因素纳入管理决策中[M]．厦门：厦门大学出版社，2003：26.

[4] 武晓芬，马占丽．经济发展代价与环境资源利用——环境成本确认和计量问题探讨[J]．思想战线，2005(3)：1～5.

[5] 刘丽敏．对完善中国绿色税收法律体系的思考[J]．河北学刊，2007(6)：191～195.

[6] 蓝虹．环境产权经济学[M]．北京：中国人民大学出版社，2005：45.

[7] 丁菊红．引入绿色税收与我国的税制优化[J]．学术研究，2006(7)：39～45.

[8] Carlo C, Marzio G. Economic growth, international competitiveness and environmental protection: R & D and innovation strategies with the warm model[J]. Energy Economics, 1997(19):2～28.

[9] 钱斌华，毛艳华．循环经济与税收政策之研究[J]．科学管理研究，2006(2)：51～54.

[10] 杨金田，葛察忠．环境税的新发展：中国与OECD国家的比较[M]．北京：中国环境科学出版社，2000：10.

[11] 王小军．中美排污权交易比较[J]．宁波经济，2007(2)：31.

[12] 刘丽敏，底萌妍．我国环境保护投融资方式探析[J]．财政研究，2007(9)：25～28.

[13] 李永臣，耿建新．企业环境会计研究[M]．北京：中国人民大学出版社，2005：28～31.

[14] 姬钢．环境信息将纳入银行征信管理系统[N]．中国环境报，2007-1-10(1).

[15] 马国强．生态投资与生态资源补偿机制的构建[J]．中南财经政法大学学报，2006(4)：41.

[16] 郭岚．完善我国环保投融资机制研究[J]．理论与改革，2006(5)：100.

[17] 马洁．构建环境导向企业管理体系研究[D]．乌鲁木齐：新疆大学，2006.

[18] Zsolt I. Reverse logistics and management of end-of-life electric products[J]. IEEE,

2000：15 ~ 19.

[19] 刘冰，梅光军．生产者责任延伸制度在电子废弃物管理中的探讨[J]．环境技术，2005(6):1 ~ 4.

[20] 刘丽敏，杨淑娥．生产者责任延伸制度下企业外部环境成本内部化的约束机制探讨[J]．河北大学学报（哲学社会科学版），2007(3):79 ~ 82.

[21] Lindhquist T. Extended producer responsibilitity in cleaner production——policy principle to promote environmental improvements of product systems[D]. Sweden Lund University. 2000.

[22] 陈毓圭．环境会计和报告的第一份国际指南[J]．会计研究，1998(5):4.

[23] Parker L D. Accounting for environmental control and performance evaluation[J]. Asia Pacific Journal of Accounting，1997，4(2):45 ~ 73.

[24] Matteo B. Environmental management accounting in Europe：current practice and future potential[J]. The European Accounting Review，2000，9：1，31 ~ 52.

[25] 干胜道，钟朝宏．国外环境管理会计发展综述[J]．会计研究，2004(10)：84 ~ 89.

[26] Rob G，Jan B. Accounting for the environment[R]. ACCA，2001：180 ~ 188.

[27] Stefan S，Roger B. Contemporary environmental accounting：issues，concepts and practice[M]. Greenleaf Publishing，2000：53.

[28] Brian B S，Erin B，Erin A，et al. Environmental acconuting[J]. Business & Economic Review/April-June 2006，21 ~ 27.

[29] FASB. Reasonable estimation of the amount of loss [R]. FASB Interpretation No. 14，1976.

[30] MAli F，Caria I，David P. Corporate environmental disclosures：competitive hypothesis using 1991 annual report data[J]. The International Journal of Accounting，1996，31(2):175 ~ 195.

[31] SEC. Staff accounting bulletin No. 92[R]. SEC，1993.

[32] AICPA. Tools and techniques of environmental accounting for business decision[R]. AICPA、2004.

[33] Hutchinson P D. Environmental accounting：issues，reporting and disclosures[J]. The Journal of Applied Business Research，2000(16):37 ~ 46.

[34] 肖序．环境会计研究的国际比较分析[J]．//中国会计学会．环境会计专题(2002)．北京：中国财政经济出版社，2002：211 ~ 212.

[35] 程君．企业环境成本控制的新思维[D]．福州：福州大学，2007.

[36] CICA Research Report. Environmental cost and liabilies, accounting and financial reporting issues[R]. CICA, 1993.

[37] Parker L D. Accounting for environmental control and performance evaluation[J]. Asia Pacific Journal of Accounting, 1997, 4(2):45 ~ 70.

[38] Japan Ministry of Environment. Environment accounting guidelines[R]. JME, 2002.

[39] 耿建新，刘长翠．企业环境会计信息披露及其相关问题探讨[J]．审计研究，2003(3):19 ~ 23.

[40] 王京芳．企业环境管理整合性架构研究[J]．软科学，2008(1):1 ~ 4.

[41] 黄种杰．对可持续发展环境成本管理的探讨[J]．财会月刊，1999(4):12 ~ 13.

[42] 王跃堂，赵子夜．环境成本管理：事前规划法及对我国的启示[J]．会计研究，2002(1):54 ~ 57.

[43] 谢德仁．企业绿色经营系统与环境会计[J]．会计研究，2002(1):48 ~ 53.

[44] 徐瑜青，王燕祥，李超．环境成本计算方法研究[J]．会计研究，2002(3):49 ~ 53.

[45] 徐瑜青，王燕祥．环境成本计算的有效方法——作业成本法[J]．环境保护，2003(6):35 ~ 37.

[46] 张杰，李玉萍，景崇毅．基于环境质量的企业环境成本控制研究[J]．科学管理研究，2005(10):27 ~ 30.

[47] 李秉祥．基于作业成本法下 SMT 生产线成本的分析及应用[J]．工业工程，2006(6):108 ~ 112.

[48] 耿建新，张宏亮．资源开采企业的自然资源耗减估价理论框架[J],经济管理，2006(15):40 ~ 42.

[49] 王简．可持续发展的保障——企业环境成本控制[J],中央财经大学学报，2006(1):86 ~ 89.

[50] 王立彦．环境成本核算与环境体系[J]．经济科学，1998(6):53 ~ 63.

[51] 王立彦，林小池．ISO 14000 环境管理认证与企业价值增长[J],经济科学，2006(3):97 ~ 105.

[52] 肖序，王军莉．企业如何实现环境业绩与经济业绩的双赢[J]．郑州经济管理干部学院学报，2006(12):12 ~ 14.

[53] 许家林，王昌锐．论环境会计核算中的环境资产确认问题[J]．会计研究，2006(1):25 ~ 29.

[54] 徐玖平，蒋洪强．制造型企业环境成本控制的机理与模式[J]．管理世界，2003(4):92 ~ 102.

[55] 李连华．环境会计学[M]．长沙：湖南人民出版社，2001：139～142.

[56] Deborah V. Environment-economic accounting and indicators of the economic importance of environmental protection actives[J]. Review of Income and Wealth, 1995(9):21～28.

[57] UN. Environmental managemental accounting: policies and linkage[R]. 2001: 11.

[58] Bouma J J. Environmental management accounting in the netherlands, in Bennett, M. and P. James, The Green bottom line, environmental accounting for management: current practice and future trends. Greenleaf Publishing, 1998.

[59] 肖序．环境会计理论与实务研究[M]．大连：东北财经大学出版社，2007：36～37.

[60] 王京芳．基于生命周期成本法的环境成本分析方法研究[J]．软科学，2004(6):8～11.

[61] 徐玖平，蒋洪强．制造型企业环境成本的核算与控制[M]．北京：清华大学出版社，2006：44.

[62] 王建明．企业绿色会计理论与实践研究[D]．南京：南京农业大学，2005.

[63] Patrick D B, Francois F. Environmental accounting: a management tool for enhancing corporate environmental and economic performance[J]. Ecological Economics, 58(2006):548～560.

[64] 郭道扬，康均．经济全球化环境下基本会计问题研究[M]．武汉：中国地质大学出版社，2005：165.

[65] 张白玲．环境经济核算体系研究[M]．北京：中国财政经济出版社，2003：344～346.

[66] 胡丹，王京芳．基于熵权的模糊综合评价方法在企业环境业绩中的应用[J]．工业工程2007(2):84～88.

[67] International Standard Organization. Environmental performance evaluation[R]. ISO/DIS 14031, 1998.

[68] 张振华，林逢春．中国企业环境报告的现状及比较差异[J]．世界环境，2006(3):70～74.

[69] 钟朝宏，干胜道：全球报告倡议组织及其《可持续发展报告指南》[J]．社会科学，2006(9):54～58.

[70] CICA. Reporting on environmental performance[R]. Toronto, 1994.

[71] Idalina D S, Lucas R, Paula A. From environmental performance evaluation to eco-efficiency and sustainability balanced scorecards[J]. Environmental Quality Manage-

ment, 2002, Winter: 51 ~64.

[72] WBCSD. Measuring eco-efficiency—a guide to reporting company performance [R]. Geneva, 2000.

[73] 刘丽敏，杨淑娥，袁振兴. 国际环境绩效评价标准综述[J]. 统计与决策，2007，8（理论版）：150 ~153.

[74] Global Reporting Initiative (GRI) (2000). Sustainability reporting guidelines (22 ~36). http://www.globalreporting.org, 2001.

[75] Charles J C, JehNan P. Evaluating environmental performance using statistical process control techniques [J]. European Journal of Operational Research, 2002, 139: 68 ~83.

[76] OECD. Extended producer responsibility : a guidance manual for governments [R]. Paris: OECD, 2001: 1 ~161.

[77] OECD. Economic aspects of extended producer responsibility [R]. Paris: OECD, 2004: 1 ~296.

[78] Wilmshurst N R, Newson P L. Packing tomorrow's challenge [J]. Logistics Focus, 1996, 4(1): 13 ~15.

[79] Knut F K. Extended producer responsibility-New legal structures for improved Ecological Self-Organization in Europe? [J]. Reciel. 2000(9):165 ~177.

[80] Reid L, Thomas L. Trust, but verify [J]. Journal of Industrial Ecology, 2002(5): 9 ~11.

[81] Alice C, Roland C, Chris F. Extended producer responsibility policy in the European Union: A horse or a camel? [J]. Journal of Industrial Ecology, 2004 (8): 4 ~7.

[82] Australian Department of Environment. Extended producer responsibility [R]. 2004: 1 ~13.

[83] C H Lee, C T Chang, S L Tsai. Development and implementation of producer responsibility recycling system [J]. Resources, Conservation and Recycling, 1998 (24): 121 ~135.

[84] Bette K F. Carpet take back: EPR American style [J]. Environmental Quality Management, 2000(10): 25 ~36.

[85] Mitsutsune Y. Extended producer responsibility in Japan: introduction of "EPR" into Japanese waste policy and some controversy [N]. ECP newsletter, 2002 (19): 1 ~12.

[86] Thomas L, Reid L. Can we take the concept of individual producer responsibility from

theory to practice? [J] Journal of Industrial Ecology, 2003(7):3~6.

[87] Ronald J D. From cradle to grave: extended producer responsibility for household hazardous wastes in British Columbia [J]. Journal of Industrial Ecology, 2002(5): 89~102.

[88] Jennifer M, Victor B. Complying with extended producer responsibility requirements: business impacts, tools and strategies [J]. IEEE, 2004: 199~203.

[89] Gonzalez T, et al. Environmental and reverse logistics policies in European bottling and packaging firms[J]. International Journal of Production Economics, 2004(88): 95~104.

[90] Forslind K H. Implementing extended producer responsibility: the case of Sweden's car scrapping scheme[J]. Journal of Cleaner Production, 2005(13):619~629.

[91] Naoko T. Effectiveness of EPR programme in design change: study of the factors that affect the swedish and japanese EEE and automobile manufacturers [J]. IEEE, 2000: 1~65.

[92] 孙亚锋，韦家旭．浅述日本生产者责任扩大的选择[J]．经济师，2002(4): 92~93.

[93] 童昕．论电子废物管理中的延伸生产者责任原则[J]．中国环境管理，2003(2):1~7.

[94] 唐家富，张志强．产品责任制在废物管理中的应用[J]．上海环境科学，2003(9):642~645.

[95] 滕吉艳，林逢春．电子废物立法及其实施效果国际比较[J]．环境保护，2004(11):10~14.

[96] 普智晓，李霞．国外执行延长生产者责任制度现状[J]．中山大学学报（自然科学版），2004(6):247~250.

[97] 戴星翼．走向绿色的发展[M],上海：复旦大学出版社，1998：1~12.

[98] USEPA. Environmental cost accounting for capital budgeting: a benchmark survey of management accountants [R]. United States Environmental Protection Agency, Washington D C, 1995.

[99] 张东光，田金方．对环境成本与 GDP 调整问题的思考 [J],价值工程，2006(7):26~29.

[100] 温家宝．在国家科学技术奖励大会上的讲话[N]．光明日报，2005，3，29(1).

[101] 武岩生．能源饥渴刚刚开始[N]．市场报，2005-12-20.

[102] 汪小英．关于环境会计计量问题的思考[M]．北京：中国财政经济出版社，2002：48.

[103] 任保平，史耀疆．制度安排与可持续发展[J]．陕西师范大学学报（哲学社会科学版），2000（3）：86～91.

[104] 冯涛，常云昆．微观经济学[M]．西安：陕西人民出版社，2005：225～238.

[105] Samuelson P A. The pure theory of public expenditure[J]. Review of Economics and Statistics，1954，36(4):387～389.

[106] 秦颖．论公共产品的本质[J],经济学家，2006，(3)：77.

[107] R·科斯．社会成本问题[M]．北京：北京大学出版社，2003：13～18、59～60.

[108] 刘丽敏．商品过度包装的控制对策研究[J]．经济管理，2007(15):28～33.

[109] 刘思华．关于科学发展观的几个问题[J]．内蒙古财经学院学报，2004(6)：9～13.

[110] 席小炎．国际贸易中环境污染成本内部化[J]．经济理论与经济管理，2005(6):18～21.

[111] 张劲松，郜磊．环境会计主体分析[J]．会计之友，2007(4):7～8.

[112] 沈满洪．环境经济手段研究[M]．北京：中国环境科学出版社，2001：83.

[113] 张帆．环境与自然资源经济学[M]．上海：上海人民出版社，1998：9.

[114] H·德姆塞茨．关于产权的理论[J]．//R·科斯，A·阿尔钦，D·诺斯．财产权利与制度变迁——产权学派与新制度经济学派译文集．上海：上海人民出版社，1994：97.

[115] E·G 菲吕博腾，S·佩杰威齐．产权与经济理论：近期文献的一个综述[J]//R·科斯，A·阿尔钦，D·诺斯．财产权利与制度变迁——产权学派与新制度经济学派译文集．上海：上海人民出版社，1994：204～205.

[116] A·阿尔钦．产权：一个经典注释[J]//R·科斯，A·阿尔钦，D·诺斯．财产权利与制度变迁——产权学派与新制度经济学派译文集．上海：上海人民出版社，1994：166.

[117] 张维迎．企业的企业家——契约理论[M]．上海：上海人民出版社，2004：236～240.

[118] 张劲松．环境会计报告研究[D]．哈尔滨：东北林业大学，2007.

[119] 洪远朋．经济理论比较研究[M]．上海：复旦大学出版社，2001：151.

[120] 刘传江，侯伟丽．环境经济学[M]．武汉：武汉大学出版社，2006：27.

[121] 罗丽艳．劳动价值论的深层追问[J]．内蒙古财经学院学报，2007(3):2～9.

[122] 斯密.《国民财富的性质和原因的研究》(上卷)[M]. 北京:商务印书馆,1972:25.

[123] 杨光飞. 企业伦理的意涵及功能[J]. 伦理学研究,2005(6):55~60.

[124] 陈炳富,周祖城. 企业伦理学概论[M]. 天津:南开大学出版社,2000:12.

[125] 龚天平. 论企业伦理的模式、类型与内容[J]. 中南财经政法大学学报,2007(5):113~117.

[126] 王立彦,尹春艳,李维刚. 关于企业家环境观念及环境管理的调查分析[J]. 经济科学,1997(4):35~40.

[127] 王立彦,尹春艳,李维刚. 我国企业环境会计实务调查分析[J]. 会计研究,1998(8):17~23.

[128] 李建发,肖华. 我国企业环境报告:现状、需求与未来[J]. 会计研究,2002(4):42~50.

[129] 肖淑芳,米海燕. 企业环境保护和环境会计的调查问卷分析[J]. 绿色中国,2004(11):45~48.

[130] 肖淑芳. 我国企业环境信息披露体系的建设[J]. 会计研究,2005(3):47~52.

[131] 刘丽敏,王慧霞. 污染行业上市公司环境会计信息披露探析——以石油、化学、塑胶、塑料行业为例[J]. 中国农业会计,2008(2):25~26.

[132] 徐泓,包小刚,刘铭. 环境会计计量的基本理论与方法[J]. 经济理论与经济管理,1999(2):55~59.

[133] 丁敏. 固体废物管理中生产者责任延伸制度研究[D]. 北京:中国政法大学,2005.

[134] 黄海峰,李慧颖. 生态文明视阈下的企业环境责任[J]. 企业改革与管理,2008(5):7~8.

[135] 李静江. 企业绿色经营[M]. 北京:清华大学出版社,2006:45.

[136] 徐政旦. 现代成本管理的基本范畴研究[J]. 会计研究,1998(3):17~21.

[137] Hans E, Jonas G. Transferring knowledge across sub-genres of the ABC implementation literature[J]. Management Accounting Research 19 (2008) 149~162.

[138] 李秉祥. 基于ABC的企业环境成本控制体系研究[J]. 当代经济管理,2005(3):76~80.

[139] Jerry G K, Galee N. ABC and life-cycle costing for environmental expenditures[J]. Management Accounting, 1994. 2.

[140] Timothy C, Andrew K. Life-cycle cost-benefit analysis of extensive vegetated roof

systems[J]. Journal of Environmental Management 87(2008)350～363.

[141] 刘晓华. 生命周期评价与环境伦理[J]. 北京化工大学学报（社会科学版），2007(3):22～25.

[142] Royce D B, Don R H. Ecoefficiency: Defining a role for environmental cost management[J]. Accounting, Organizations and Society (2007) 1～28.

[143] 陈贵. 基于 PLM 模式下的产品成本模型与优化[D]. 青岛：中国海洋大学，2003.

[144] 张靖. 企业环境成本计量研究[D]. 武汉：武汉理工大学，2006.

[145] 张亚连. 可持续发展管理会计研究——基于生态经济系统[D]. 成都：西南财经大学，2007.

[146] 江心英，季莹. 产品生态设计理论与实践的国际研究综述[J]. 生态经济，2006(2):77～80.

[147] 李玉萍，刘西林. 基于可持续发展的我国环境成本管理模式研究[J]. 科学管理研究，2006(3):24～27.

[148] 朱庆华. 基于绿色供应链的产品生态设计模型与方法研究[J]. 管理学报，2008(3):360.

[149] 徐恒. 论环境成本管理在我国企业的应用[D]. 成都：西南财经大学，2007.

[150] 张杰，李玉萍. 企业环境成本管理探析[J]. 财会月刊，2005(10):16～17.

[151] Shrivastava P. The role of corporations in achieving ecological sustainability[J]. The Academy of Management Review, 1995, 20(4):936～960.

[152] Craig R C, Joseph C. Inter organizational determinants of environmental purchasing [J]. Decision Science, 1998, 29(3):659～685.

[153] Zsidisin S. Environmental purchasing: a framework for theory development[J]. European Journal of Purchasing and Supply Management, 1998(98):313～320.

[154] 朱庆华，耿勇. 企业绿色采购影响研究[J]. 中国软科学，2002(11):71～74.

[155] Hua Zhang, Zhigang Jiang. Modeling and analysis of waste stream ranking disposal for green manufacturing[C]//Proceedings of the 3rd Conference on Impulsive Dynamic Systerm and Applicalion, 2006: 1267～1271

[156] 刘飞，曹华军. 绿色制造的理论体系框架. 中国机械工程，2000，11(9):979～982.

[157] 张华，江志刚. 绿色制造生产过程多目标集成决策运行机理研究[J]. 武汉科技大学学报（自然科学版），2008(1):11～13.

[158] 张帆. 过度包装遭遇法律空白[N]. 中国经济时报，2004-9-29（2）.

[159] Bennet M, Peter J. Life-cycle costing and packaging at Xerox Ltd. in: The Green Bottom Line: Environmental Accounting for Management: Current Practice and Future Trends[M]. Greenleaf publishing, 1998: 347.

[160] (英) 斯蒂芬·波尔托兹基. 创造环保型企业价值[M]. 孙海龙, 译. 北京: 机械工业出版社, 2003, 41.

[161] 李会太, 李彦. 国外大型工业企业实施绿色管理的主要策略[J]. 生态经济, 2007(6):78~81.

[162] 刘世昕. 清洁生产在中国[N]. 中国环境报, 2005-05-30.

[163] 冯之浚. 循环经济在实践[M]. 北京: 人民出版社, 2006, 89.

[164] 刘长翠. 企业环境审计研究[M]. 北京: 人民出版社, 2005: 5.

[165] 陈思维. 环境审计[M]. 北京: 经济管理出版社, 1998, 62.

[166] Robert D, Gehan A M, Anne D W. The necessary characteristics of environmental auditors: a review of the contribution of the financial auditing profession[J]. Accounting Forum, 28(2004)119~138.

[167] 蔡守秋. 环境资源法学[M]. 北京: 人民法院、中国人民公安大学出版社, 2003: 172.

[168] Davis J J. Ethics and environmental marketing[J]. Jonrnal of Business Ethics, 1992, 11(11):81~87.

[169] Kreuze J G, Newell G E, Nell S J. What companies are reporting[J]. Management Accounting, 1996(6).

[170] Bebbington J. Engagement, education and sustainability: a review essay on environmental accounting[J]. Accounting, Auditing and Accountability Journal, 1997, 10(3):365~381.

[171] Bebbington J. The european community fifth action plan: towards sustainability[J]. Social and Environmental Accounting, 1993, 13(1):9~11.

[172] Jan B, Rob G, Carlos L. Editorial: environmental and social accounting in Europe[J]. The European Accounting Review 2000, 9: 1, 3~6.

[173] Bebbington J. Teaching social and environmental accounting: a review essay[J]. Accounting Forum, 1995, 19(2~3):263~273.

[174] Denis C, Michel M. Environmental reporting management: a continental european perspective[J]. Journal of Accounting and Policy 22(2003)43~62.

[175] 张少勇, 骆育敏. 社会审计与环境审计[J]. 审计与经济研究, 2000, (3): 26~28.

[176] 李小菊，张晓鸣．开展环境审计的障碍与构想[J]．中国注册会计师，2001(7):20~21.

[177] Marcus W. How to reconcile environmental and economic performance to improve corporate sustainability [J]. Journal of Environmental Management 2005 (76): 105~118.

[178] 谢家平．绿色设计方案优选的多指标综合排序法[J]．石家庄经济学院学报，2003(5):644~648.

[179] Jasch C. Environmental performance evaluation and indicators[J]. Journal of Cleaner Production, 2000(8):79~88.

[180] Bolloju N. Aggregation of analytic hierarchy process models based onsimilarities in decision markers? [J]. European Journal of Operational Research, 2001, 128: 499~508.

[181] 王莲芬．层次分析法引论[M]．北京：中国人民大学出版社，1990：5~24.

[182] Ditzd R. Global developments on environmental performance indicators[J]. Corporate Environmental Strategy, 1998(5):47~52.

[183] 牛文元．绿色 GDP 与中国环境会计制度[J]．会计研究，2002(1):40.

[184] 马国强．生态投资与生态资源补偿机制的构建[J]．中南财经政法大学学报，2006(4):39~44.

[185] 吕忠梅．超越与保守——可持续发展视野下的环境法创新[M]．北京：法律出版社，2003：306~317.

[186] 曹明德，王京星．我国环境税收制度的价值定位及改革方向[J]．法学评论，2006(1):92~96.

[187] 白彦锋．我国消费税改革争论述评[J]．中央财经大学学报，2006(8):18~21.

[188] 谢峰．有关绿色财税政策的几点思考[J]．学术研究，2006(7):46~49.

[189] 王京芳，周浩．循环经济视觉下的绿色税收激励研究[J]．新技术新工艺，2007(11):10~12.

[190] 徐祥民，王郁．环境税：循环经济的重要手段[J]．法制论丛，2006(4):97~100.

[191] 张五常．经济解释[M]．北京：商务印书馆，2002：68~76.

附　　录

附 录 1

环境绩效评价指标权重的计算：

根据专家咨询和层次分析法确定权重。根据20位专家对同一属性给出的判断，则有20个判断矩阵，先对20个专家所构造的判断矩阵以算术均值法综合成一个判断矩阵，然后按照AHP算法计算排序权重，再对判断矩阵计算结果进行一致性检验，即通过对相容比(CR)指标，检验比较矩阵的相容性（一致性）。CR的定义为$CR=CI/RI$，式中CI为相容指数，RI为随机指数。相容指数$CI=(\lambda_{max}-n)/(n-1)$，$RI$为随机生成的比较矩阵的$CI$的平均值，是有表可查的随机一致性指标（见附表1）。

附表1　随机矩阵的平均相容性（随机RI指标值）

阶数	1	2	3	4	5	6	7	8	9	10
RI	0	0	0.58	0.90	1.12	1.24	1.32	1.41	1.45	1.49

若CR值大于0.10，则意味着结果是不可信的，若CR值小于或等于0.10被认为可以接受。

按照上述方法计算权重，综合判断矩阵及其相应权重。

1.1　确定各一级指标的权重

各一级指标的权重$\boldsymbol{A}=\{\boldsymbol{A}_1,\boldsymbol{A}_2,\cdots,\boldsymbol{A}_n\}$，满足$\boldsymbol{A}_1+\boldsymbol{A}_2+\cdots+\boldsymbol{A}_n=1$；按照Thomas · L · Saaty的层次分析法(The Analytial Hierarchy Process)确定指标权重。

1.1.1　求权重

按照专家对环境绩效评价的5个一级指标作两两比较打分，

得出的结果见附表2。

附表2　环境绩效评价一级指标判断矩阵

环境评价指标	环境守法 A_1	内部环境管理 A_2	外部沟通 A_3	安全卫生 A_4	先进性 A_5	总权重
环境守法 A_1	1	5.74	6.6	6.53	2.65	0.51
内部环境管理 A_2	1/5.74	1	3.16	1.49	1/2.17	0.115
外部沟通 A_3	1/6.6	1/3.16	1	1/2.12	1/6.84	0.044
安全卫生 A_4	1/6.53	1/1.49	2.12	1	1/3.22	0.082
先进性 A_5	1/2.65	2.17	6.84	3.22	1	0.249
$\lambda_{max}=5.136$			$CR=0.03<0.1$			

根据此构造判断矩阵 **A** 为：

$$A=\begin{bmatrix} 1 & 5.74 & 6.6 & 6.53 & 2.65 \\ 1/5.74 & 1 & 3.16 & 1.49 & 1/2.17 \\ 1/6.6 & 1/3.16 & 1 & 1/2.12 & 1/6.84 \\ 1/6.53 & 1/1.49 & 2.12 & 1 & 1/3.22 \\ 1/2.65 & 2.17 & 6.84 & 3.22 & 1 \end{bmatrix}$$

由判断矩阵 **A** 可求得：

$$A'_1=\sqrt[5]{1\times5.74\times6.6\times6.53\times2.65}=\sqrt[5]{655.6}=3.6587$$

$$A'_2=\sqrt[5]{1/5.74\times1\times3.16\times1.49\times1/2.17}=\sqrt[5]{0.378}=0.8232$$

$$A'_3=\sqrt[5]{1/6.6\times1/3.16\times1\times1/2.12\times1/6.84}=\sqrt[5]{0.0033}=0.3189$$

$$A'_4=\sqrt[5]{1/6.53\times1/1.49\times2.12\times1\times1/3.22}=\sqrt[5]{0.068}=0.5841$$

$$A'_5=\sqrt[5]{1/2.65\times2.17\times6.84\times3.22\times1}=\sqrt[5]{18.0354}=1.7833$$

$$\Sigma A'=A'_1+A'_2+A'_3+A'_4+A'_5=7.1682$$

$$A_1 = A'_1/\Sigma A' = 3.6587/7.1682 = 0.510$$

$$A_2 = A'_2/\Sigma A' = 0.8232/7.1682 = 0.115$$

$$A_3 = A'_3/\Sigma A' = 0.3189/7.1682 = 0.044$$

$$A_4 = A'_4/\Sigma A' = 0.5841/7.1682 = 0.082$$

$$A_5 = A'_5/\Sigma A' = 1.7833/7.1682 = 0.249$$

得权重向量为：

$$A = [0.51, 0.115, 0.044, 0.082, 0.249]$$

1.1.2　一致性检验

先求判断矩阵的最大特征根 λ_{max}：

$$\lambda_1 = 1 \times 0.51 + 5.74 \times 0.115 + 6.6 \times 0.044 + 6.53 \times 0.082 + 2.65 \times 0.249 = 2.66$$

$$\lambda_2 = 1/5.74 \times 0.51 + 1 \times 0.115 + 3.16 \times 0.044 + 1.49 \times 0.082 + 1/2.17 \times 0.249 = 0.579$$

$$\lambda_3 = 1/6.6 \times 0.51 + 1/3.16 \times 0.115 + 1 \times 0.044 + 1/2.12 \times 0.082 + 1/6.84 \times 0.249 = 0.233$$

$$\lambda_4 = 1/6.53 \times 0.51 + 1/1.49 \times 0.115 + 2.12 \times 0.044 + 1 \times 0.082 + 1/3.22 \times 0.249 = 0.408$$

$$\lambda_5 = 1/2.65 \times 0.51 + 2.17 \times 0.115 + 6.84 \times 0.044 + 3.22 \times 0.082 + 1 \times 0.249 = 1.256$$

$$\lambda_{max} = \lambda_1 + \lambda_2 + \lambda_3 + \lambda_4 + \lambda_5 = 5.136$$

求一致性指标：

$$CI = (\lambda_{max} - n)/(n - 1) = (5.136 - 5)/(5 - 1) = 0.034$$

求随机一致性比例：

$$CR = CI/RI$$

$$CR = 0.034/1.12 = 0.03 < 0.1$$

因此，该判断矩阵有较好的一致性，所求得的权重系数是可以被接受的。

1.2　确定各二级指标的权重

各二级指标的权重，$\boldsymbol{A}_i = \{\boldsymbol{A}_{i1}, \boldsymbol{A}_{i2}, \cdots, \boldsymbol{A}_{ij}\}$ 且满足 $\boldsymbol{A}_{i1} + \boldsymbol{A}_{i2}, + \cdots + \boldsymbol{A}_{ij} = 1 (i = 1, 2, \cdots, 5)$。

1.2.1　环境守法二级指标的权重

环境守法二级指标的权重

$$\boldsymbol{A}_1 = \{\boldsymbol{A}_{11}, \boldsymbol{A}_{12}, \boldsymbol{A}_{13}, \boldsymbol{A}_{14}, \boldsymbol{A}_{15}\}$$

1.2.1.1　求权重

按照专家对环境守法的5个二级指标作两两比较打分，得出的结果见附表3。

附表3　环境守法二级指标判断矩阵

环境守法指标 $\boldsymbol{A}_1$	排污费交纳情况 $\boldsymbol{A}_{11}$	新建、改建、扩建项目的环境保护手续完备性 $\boldsymbol{A}_{12}$	排污许可证的合法性 $\boldsymbol{A}_{13}$	禁用品的杜绝 $\boldsymbol{A}_{14}$	危险固体废弃物处置率 $\boldsymbol{A}_{15}$	权重
排污费交纳情况 $\boldsymbol{A}_{11}$	1	1/2.09	1/2.55	1/1.82	1/1.64	0.11
新建、改建、扩建项目的环境保护手续完备性 $\boldsymbol{A}_{12}$	2.09	1	1/1.22	1.15	1.28	0.23
排污许可证的合法性 $\boldsymbol{A}_{13}$	2.55	1.22	1	1.4	1.56	0.28

续附表 3

环境守法指标 A_1	排污费交纳情况 A_{11}	新建、改建、扩建项目的环境保护手续完备性 A_{12}	排污许可证的合法性 A_{13}	禁用品的杜绝 A_{14}	危险固体废弃物处置率 A_{15}	权重
禁用品的杜绝 A_{14}	1.82	1/1.15	1/1.4	1	1.11	0.20
危险固体废弃物处置率 A_{15}	1.64	1/1.28	1/1.56	1/1.11	1	0.18
$\lambda_{max} = 5.002$			$CR = 0.00045 < 0.1$			

根据此构造判断矩阵 A_1 为：

$$A_1 = \begin{bmatrix} 1 & 1/2.09 & 1/2.55 & 1/1.82 & 1/1.64 \\ 2.09 & 1 & 1/1.22 & 1.15 & 1.28 \\ 2.55 & 1.22 & 1 & 1.4 & 1.56 \\ 1.82 & 1/1.15 & 1/1.4 & 1 & 1.11 \\ 1.64 & 1/1.28 & 1/1.56 & 1/1.11 & 1 \end{bmatrix}$$

由判断矩阵 A_1 可求得：

$$A'_{11} = \sqrt[5]{1 \times 1/2.09 \times 1/2.55 \times 1/1.82 \times 1/1.64} = \sqrt[5]{0.063} = 0.575$$

$$A'_{12} = \sqrt[5]{2.09 \times 1 \times 1/1.22 \times 1.15 \times 1.28} = \sqrt[5]{2.522} = 1.203$$

$$A'_{13} = \sqrt[5]{2.55 \times 1.22 \times 1 \times 1.4 \times 1.56} = \sqrt[5]{6.794} = 1.467$$

$$A'_{14} = \sqrt[5]{1.82 \times 1/1.15 \times 1/1.4 \times 1 \times 1.11} = \sqrt[5]{1.255} = 1.046$$

$$A'_{15} = \sqrt[5]{1.64 \times 1/1.28 \times 1/1.56 \times 1/1.11 \times 1} = \sqrt[5]{0.74} = 0.942$$

$$\Sigma A'_1 = A'_{11} + A'_{12} + A'_{13} + A'_{14} + A'_{15} = 5.233$$

$$A_{11} = A'_{11}/\Sigma A'_1 = 0.575/5.233 = 0.11$$

$$A_{12} = A'_{12}/\Sigma A'_1 = 1.203/5.233 = 0.23$$

$$A_{13} = A'_{13}/\Sigma A'_1 = 1.467/5.233 = 0.28$$

$$A_{14} = A'_{14}/\Sigma A'_1 = 1.046/5.233 = 0.20$$

$$A_{15} = A'_{15}/\Sigma A'_1 = 0.942/5.233 = 0.18$$

得权重向量为：

$$A_1 = [0.11, 0.23, 0.28, 0.20, 0.18]$$

1.2.1.2　一致性检验

先求判断矩阵的最大特征根 λ_{max}：

$$\lambda_1 = 1 \times 0.11 + 1/2.09 \times 0.23 + 1/2.55 \times 0.28 + 1/1.82 \times 0.20 + 1/1.64 \times 0.18 = 0.55$$

$$\lambda_2 = 2.09 \times 0.11 + 1 \times 0.23 + 1/1.22 \times 0.28 + 1.15 \times 0.20 + 1.28 \times 0.18 = 1.15$$

$$\lambda_3 = 2.55 \times 0.11 + 1.22 \times 0.23 + 1 \times 0.28 + 1.4 \times 0.20 + 1.56 \times 0.18 = 1.402$$

$$\lambda_4 = 1.82 \times 0.11 + 1/1.15 \times 0.23 + 1/1.4 \times 0.28 + 1 \times 0.20 + 1.11 \times 0.18 = 1$$

$$\lambda_5 = 1.64 \times 0.11 + 1/1.28 \times 0.23 + 1/1.56 \times 0.28 + 1/1.11 \times 0.20 + 1 \times 0.18 = 0.9$$

$$\lambda_{max} = \lambda_1 + \lambda_2 + \lambda_3 + \lambda_4 + \lambda_5 = 0.55 + 1.15 + 1.402 + 1 + 0.9 = 5.002$$

求一致性指标：

$$CI = (\lambda_{max} - n)/(n - 1) = (5.002 - 5)/(5 - 1) = 0.0005$$

求随机一致性比例：

$$CR = CI/RI$$

$$CR = 0.0005/1.12 = 0.00045 < 0.1$$

因此，该判断矩阵有较好的一致性，所求得的权重系数是可以被接受的。

1.2.2　内部环境管理二级指标的权重

内部环境管理二级指标的权重 $\boldsymbol{A}_2 = \{\boldsymbol{A}_{21}, \boldsymbol{A}_{22}, \boldsymbol{A}_{23}\}$

按照专家对内部环境管理的 3 个二级指标作两两比较打分，得出的结果见附表 4。

附表 4　内部环境管理二级指标判断矩阵

内部环境管理指标 $\boldsymbol{A}_2$	环境教育培训人时数 $\boldsymbol{A}_{21}$	环境管理系统 $\boldsymbol{A}_{22}$	环保投资比例 $\boldsymbol{A}_{23}$	权　重
环境教育培训人时数 $\boldsymbol{A}_{21}$	1	1/1.68	1/1.32	0.25
环境管理系统 $\boldsymbol{A}_{22}$	1.68	1	1.27	0.42
环保投资比例 $\boldsymbol{A}_{23}$	1.32	1/1.27	1	0.33
$\lambda_{max} = 3.0007$		$CR = 0.006 < 0.1$		

1.2.2.1　求权重

根据此构造判断矩阵 $\boldsymbol{A}_2$ 为：

$$\boldsymbol{A}_2 = \begin{bmatrix} 1 & 1/1.68 & 1/1.32 \\ 1.68 & 1 & 1.27 \\ 1.32 & 1/1.27 & 1 \end{bmatrix}$$

由判断矩阵 A_2 可求得：

$$A'_{21}=\sqrt[3]{1\times 1/1.68\times 1/1.32}=\sqrt[3]{0.451}=0.767$$

$$A'_{22}=\sqrt[3]{1.68\times 1\times 1.27}=\sqrt[3]{2.1336}=1.287$$

$$A'_{23}=\sqrt[3]{1.32\times 1/1.27\times 1}=\sqrt[3]{1.0394}=1.013$$

$$\Sigma A'_2=A'_{21}+A'_{22}+A'_{23}=0.767+1.287+1.013=3.067$$

$$A_{21}=A'_{21}/\Sigma A'_2=0.767/3.067=0.25$$

$$A_{22}=A'_{22}/\Sigma A'_2=1.287/3.067=0.42$$

$$A_{23}=A'_{23}/\Sigma A'_2=1.013/3.067=0.33$$

得权重向量为：

$$A_2=[0.25,0.42,0.33]$$

1.2.2.2　一致性检验

先求判断矩阵的最大特征根 λ_{max}：

$$\lambda_1=1\times 0.25+1/1.68\times 0.42+1/1.32\times 0.33=0.75$$

$$\lambda_2=1.68\times 0.25+1\times 0.42+1.27\times 0.33=1.26$$

$$\lambda_3=1.32\times 0.25+1/1.27\times 0.42+1\times 0.33=0.9907$$

$$\lambda_{max}=\lambda_1+\lambda_2+\lambda_3=0.75+1.26+0.9907=3.0007$$

求一致性指标：

$$CI=(\lambda_{max}-n)/(n-1)=(3.0007-3)/(3-1)=0.0035$$

求随机一致性比例：

$$CR = CI/RI$$

$$CR = 0.0035/0.58 = 0.006 < 0.1$$

因此，该判断矩阵有较好的一致性，所求得的权重系数是可以被接受的。

1.2.3 外部沟通二级指标的权重

外部沟通二级指标的权重

$$\boldsymbol{A}_3 = \{\boldsymbol{A}_{31}, \boldsymbol{A}_{32}, \boldsymbol{A}_{33}, \boldsymbol{A}_{34}, \boldsymbol{A}_{35}\}$$

按照专家对外部沟通的5个二级指标作两两比较打分，得出的结果见附表5。

附表5 外部沟通二级指标判断矩阵

外部沟通 $\boldsymbol{A}_3$	相关投诉件数 $\boldsymbol{A}_{31}$	资助社会环保活动资金 $\boldsymbol{A}_{32}$	环境报告的发布 $\boldsymbol{A}_{33}$	用户认同度 $\boldsymbol{A}_{34}$	社会美誉度 $\boldsymbol{A}_{35}$	权重
相关投诉件数 $\boldsymbol{A}_{31}$	1	1/1.03	1.28	4.57	4	0.30
资助社会环保活动资金 $\boldsymbol{A}_{32}$	1.03	1	1.32	4.71	5.5	0.32
环境报告的发布 $\boldsymbol{A}_{33}$	1/1.28	1/1.32	1	3.57	5	0.25
用户认同度 $\boldsymbol{A}_{34}$	1/4.57	1/4.71	1/3.57	1	2.33	0.08
社会美誉度 $\boldsymbol{A}_{35}$	1/4	1/5.5	1/5	1/2.33	1	0.05
$\lambda_{max} = 5.0377$			$CR = 0.0084 < 0.1$			

1.2.3.1 求权重

根据此构造判断矩阵 $\boldsymbol{A}_3$ 为：

$$
A_3 = \begin{bmatrix} 1 & 1/1.03 & 1.28 & 4.57 & 4 \\ 1.03 & 1 & 1.32 & 4.71 & 5.5 \\ 1/1.28 & 1/1.32 & 1 & 3.57 & 5 \\ 1/4.57 & 1/4.71 & 1/3.57 & 1 & 2.33 \\ 1/4 & 1/5.5 & 1/5 & 1/2.33 & 1 \end{bmatrix}
$$

由判断矩阵 A_3 可求得：

$$A'_{31} = \sqrt[5]{1 \times 1/1.03 \times 1.28 \times 4.57 \times 4} = \sqrt[5]{22.72} = 1.8676$$

$$A'_{32} = \sqrt[5]{1.03 \times 1 \times 1.32 \times 4.71 \times 5.5} = \sqrt[5]{35.22} = 2.0387$$

$$A'_{33} = \sqrt[5]{1/1.28 \times 1/1.32 \times 1 \times 3.57 \times 5} = \sqrt[5]{10.565} = 1.6024$$

$$A'_{34} = \sqrt[5]{1/4.57 \times 1/4.71 \times 1/3.57 \times 1 \times 2.33} = \sqrt[5]{0.0303} = 0.4970$$

$$A'_{35} = \sqrt[5]{1/4 \times 1/5.5 \times 1/5 \times 1/2.33 \times 1} = \sqrt[5]{0.0039} = 0.3298$$

$$\Sigma A'_3 = A'_{31} + A'_{32} + A'_{33} + A'_{34} + A'_{35} = 6.3355$$

$$A_{31} = A'_{31}/\Sigma A'_3 = 1.8676/6.3355 = 0.30$$

$$A_{32} = A'_{32}/\Sigma A'_3 = 2.0387/6.3355 = 0.32$$

$$A_{33} = A'_{33}/\Sigma A'_3 = 1.6024/6.3355 = 0.25$$

$$A_{34} = A'_{34}/\Sigma A'_3 = 0.4970/6.3355 = 0.08$$

$$A_{35} = A'_{35}/\Sigma A'_3 = 0.3298/6.3355 = 0.05$$

得权重向量为：

$$A_3 = [0.30, 0.32, 0.25, 0.08, 0.05]$$

1.2.3.2　一致性检验

先求判断矩阵的最大特征根 λ_{max}：

$$\lambda_1 = 1 \times 0.30 + 1/1.03 \times 0.32 + 1.28 \times 0.25 + 4.57 \times 0.08 + 4 \times 0.05 = 1.4966$$

$$\lambda_2 = 1.03 \times 0.30 + 1 \times 0.32 + 1.32 \times 0.25 + 4.71 \times 0.08 + 5.5 \times 0.05 = 1.6108$$

$$\lambda_3 = 1/1.28 \times 0.30 + 1/1.32 \times 0.32 + 1 \times 0.25 + 3.57 \times 0.08 + 5 \times 0.05 = 1.2624$$

$$\lambda_4 = 1/4.57 \times 0.30 + 1/4.71 \times 0.32 + 1/3.57 \times 0.25 + 1 \times 0.08 + 2.33 \times 0.05 = 0.4004$$

$$\lambda_5 = 1/4 \times 0.30 + 1/5.5 \times 0.32 + 1/5 \times 0.25 + 1/2.33 \times 0.08 + 1 \times 0.05 = 0.2675$$

$$\lambda_{max} = \lambda_1 + \lambda_2 + \lambda_3 + \lambda_4 + \lambda_5 = 5.0377$$

求一致性指标：

$$CI = (\lambda_{max} - n)/(n - 1) = (5.0377 - 5)/(5 - 1) = 0.0094$$

求随机一致性比例：

$$CR = CI/RI$$

$$CR = 0.0094/1.12 = 0.0084 < 0.1$$

因此，该判断矩阵有较好的一致性，所求得的权重系数是可以被接受的。

1.2.4　安全卫生二级指标的权重

安全卫生二级指标的权重

$$\boldsymbol{A}_4 = \{\boldsymbol{A}_{41}, \boldsymbol{A}_{42}, \boldsymbol{A}_{43}, \boldsymbol{A}_{44}\}$$

按照专家对安全卫生的 4 个二级指标作两两比较打分，得出的结果见附表 6。

附表6　安全卫生二级指标判断矩阵

安全卫生 A_4	电磁辐射 A_{41}	职业病件数 A_{42}	环境事故发生件数 A_{43}	环境事故赔偿金额 A_{44}	权重
电磁辐射 A_{41}	1	1/1.87	1/2.07	1/1.73	0.15
职业病件数 A_{42}	1.87	1	1/1.11	1.08	0.28
环境事故发生件数 A_{43}	2.07	1.11	1	1.2	0.31
环境事故赔偿金额 A_{44}	1.73	1/1.08	1/1.2	1	0.26
$\lambda_{max}=4.0037$			$CR=0.0014<0.1$		

1.2.4.1　求权重

根据此构造判断矩阵 A_4 为:

$$A_4=\begin{bmatrix}1 & 1/1.87 & 1/2.07 & 1/1.73\\1.87 & 1 & 1/1.11 & 1.08\\2.07 & 1.11 & 1 & 1.2\\1.73 & 1/1.08 & 1/1.2 & 1\end{bmatrix}$$

由判断矩阵 A_4 可求得:

$$A'_{41}=\sqrt[4]{1\times 1/1.87\times 1/2.07\times 1/1.73}=\sqrt[4]{0.14933}=0.6216$$

$$A'_{42}=\sqrt[4]{1.87\times 1\times 1/1.11\times 1.08}=\sqrt[4]{1.8195}=1.1614$$

$$A'_{43}=\sqrt[4]{2.07\times 1.11\times 1\times 1.2}=\sqrt[4]{2.7572}=1.2886$$

$$A'_{44}=\sqrt[4]{1.73\times 1/1.08\times 1/1.2\times 1}=\sqrt[4]{1.3349}=1.0749$$

$$\Sigma A'_4=A'_{41}+A'_{42}+A'_{43}+A'_{44}=4.1465$$

$$A_{41}=A'_{41}/\Sigma A'_4=0.6216/4.1465=0.15$$

$$A_{42}=A'_{42}/\Sigma A'_4=1.1614/4.1465=0.28$$

$$A_{43} = A'_{43}/\Sigma A'_4 = 1.2886/4.1465 = 0.31$$

$$A_{44} = A'_{44}/\Sigma A'_4 = 1.0749/4.1465 = 0.26$$

得权重向量为：

$$A_4 = [0.15, 0.28, 0.31, 0.26]$$

1.2.4.2　一致性检验

先求判断矩阵的最大特征根 λ_{max}：

$$\lambda_1 = 1 \times 0.15 + 1/1.87 \times 0.28 + 1/2.07 \times 0.31 + 1/1.73 \times 0.26 = 0.5998$$

$$\lambda_2 = 1.87 \times 0.15 + 1 \times 0.28 + 1/1.11 \times 0.31 + 1.08 \times 0.26 = 1.1206$$

$$\lambda_3 = 2.07 \times 0.15 + 1.11 \times 0.28 + 1 \times 0.31 + 1.2 \times 0.26 = 1.2433$$

$$\lambda_4 = 1.73 \times 0.15 + 1/1.08 \times 0.28 + 1/1.2 \times 0.31 + 1 \times 0.26 = 1.04$$

$$\lambda_{max} = \lambda_1 + \lambda_2 + \lambda_3 + \lambda_4 = 4.0037$$

求一致性指标：

$$CI = (\lambda_{max} - n)/(n - 1) = (4.0037 - 4)/(4 - 1) = 0.00123$$

求随机一致性比例：

$$CR = CI/RI$$

$$CR = 0.00123/0.9 = 0.0014 < 0.1$$

因此，该判断矩阵有较好的一致性，所求得的权重系数是可以被接受的。

1.2.5　先进性二级指标的权重

先进性二级指标的权重

$$\boldsymbol{A}_5 = \{\boldsymbol{A}_{51}, \boldsymbol{A}_{52}, \boldsymbol{A}_{53}, \boldsymbol{A}_{54}\}$$

按照专家对先进性的4个二级指标作两两比较打分，得出的结果见附表7。

附表7　先进性二级指标判断矩阵

先进性 $\boldsymbol{A}_5$	单位能源消耗的产量 $\boldsymbol{A}_{51}$	单位水污染物排放的产量 $\boldsymbol{A}_{52}$	循环用水率 $\boldsymbol{A}_{53}$	单位气污染物排放的产量 $\boldsymbol{A}_{54}$	权重
单位能源消耗的产量 $\boldsymbol{A}_{51}$	1	1.71	1.03	4.8	0.36
单位水污染物排放的产量 $\boldsymbol{A}_{52}$	1/1.71	1	1/1.67	2.63	0.21
循环用水率 $\boldsymbol{A}_{53}$	1/1.03	1.67	1	4.38	0.35
单位气污染物排放的产量 $\boldsymbol{A}_{54}$	1/4.8	1/2.63	1/4.38	1	0.08
$\lambda_{max} = 4.02$			$CR = 0.0074 < 0.1$		

1.2.5.1　求权重

根据此构造判断矩阵 $\boldsymbol{A}_5$ 为：

$$\boldsymbol{A}_5 = \begin{bmatrix} 1 & 1.71 & 1.03 & 4.8 \\ 1/1.71 & 1 & 1/1.67 & 2.63 \\ 1/1.03 & 1.67 & 1 & 4.38 \\ 1/4.8 & 1/2.63 & 1/4.38 & 1 \end{bmatrix}$$

由判断矩阵 $\boldsymbol{A}_5$ 可求得：

$$\boldsymbol{A}'_{51} = \sqrt[4]{1 \times 1.71 \times 1.03 \times 4.8} = \sqrt[4]{8.454} = 1.7052$$

$$A'_{52} = \sqrt[4]{1/1.71 \times 1 \times 1/1.67 \times 2.63} = \sqrt[4]{0.921} = 0.9796$$

$$A'_{53} = \sqrt[4]{1/1.03 \times 1.67 \times 1 \times 4.38} = \sqrt[4]{7.102} = 1.6325$$

$$A'_{54} = \sqrt[4]{1/4.8 \times 1/2.63 \times 1/4.38 \times 1} = \sqrt[4]{0.0181} = 0.3668$$

$$\Sigma A'_5 = A'_{51} + A'_{52} + A'_{53} + A'_{54} = 4.6841$$

$$A_{51} = A'_{51}/\Sigma A'_5 = 1.7052/4.6841 = 0.36$$

$$A_{52} = A'_{52}/\Sigma A'_5 = 0.9796/4.6841 = 0.21$$

$$A_{53} = A'_{53}/\Sigma A'_5 = 1.6325/4.6841 = 0.35$$

$$A_{54} = A'_{54}/\Sigma A'_5 = 0.3668/4.6841 = 0.08$$

得权重向量为：

$$A_5 = [0.36, 0.21, 0.35, 0.08]$$

1.2.5.2　一致性检验

先求判断矩阵的最大特征根 λ_{max}：

$$\lambda_1 = 1 \times 0.36 + 1.71 \times 0.21 + 1.03 \times 0.35 + 4.8 \times 0.08 = 1.4636$$

$$\lambda_2 = 1/1.71 \times 0.36 + 1 \times 0.21 + 1/1.67 \times 0.35 + 2.63 \times 0.08 = 0.841$$

$$\lambda_3 = 1/1.03 \times 0.36 + 1.67 \times 0.21 + 1 \times 0.35 + 4.38 \times 0.08 = 1.4006$$

$$\lambda_4 = 1/4.8 \times 0.36 + 1/2.63 \times 0.21 + 1/4.38 \times 0.35 + 1 \times 0.08 = 0.3148$$

$$\lambda_{max} = \lambda_1 + \lambda_2 + \lambda_3 + \lambda_4 = 4.02$$

求一致性指标：

$$CI = (\lambda_{max} - n)/(n - 1) = (4.02 - 4)/(4 - 1) = 0.0067$$

求随机一致性比例：

$$CR = CI/RI$$

$$CR = 0.0067/0.9 = 0.0074 < 0.1$$

因此，该判断矩阵有较好的一致性，所求得的权重系数是可以被接受的。

附 录 2

国家环境保护总局关于企业环境信息公开的公告

（环发［2003］156 号）

根据《中华人民共和国清洁生产促进法》，我局决定在全国开展企业环境信息公开工作，以促进公众对企业环境行为的监督。现将有关事宜公告如下：

一、环境信息公开的范围

各省、自治区、直辖市环保部门应按照《清洁生产促进法》的规定，在当地主要媒体上定期公布超标准排放污染物或者超过污染物排放总量规定限额的污染严重企业名单；列入名单的企业，应当按照本公告要求，于 2003 年 10 月底以前公布 2003 年上半年的环境信息，2004 年开始在每年 3 月 31 日以前公布上一年的环境信息。

没有列入名单的企业可以自愿参照本规定进行环境信息公开。

二、必须公开的环境信息

公开的环境信息内容必须如实、准确，有关数据应有 3 年连续性。

（一）企业环境保护方针。

（二）污染物排放总量，包括：

（1）废水排放总量和废水中主要污染物排放量；

（2）废气排放总量和废气中主要污染物排放量；

（3）固体废物产生量、处置量。

（三）企业环境污染治理，包括：

（1）企业主要污染治理工程投资；

（2）污染物排放是否达到国家或地方规定的排放标准；

（3）污染物排放是否符合国家规定的排放总量指标；

（4）固体废物处置利用量；

（5）危险废物安全处置量。

（四）环保守法，包括：

（1）环境违法行为记录；

（2）行政处罚决定的文件；

（3）是否发生过污染事故以及事故造成的损失；

（4）有无环境信访案件。

（五）环境管理，包括：

（1）依法应当缴纳排污费金额；

（2）实际缴纳排污费金额；

（3）是否依法进行排污申报；

（4）是否依法申领排污许可证；

（5）排污口整治是否符合规范化要求；

（6）主要排污口是否按规定安装了主要污染物自动监控装置，其运行是否正常；

（7）污染防治设施正常运转率；

（8）“三同时”执行率。

三、自愿公开的环境信息

（一）企业资源消耗，包括能源总消耗量和单位产品能源消耗量，新水取用总量和单位产品新水消耗量，工业用水重复利用率，原材料消耗量，包装材料消耗量。

（二）企业污染物排放强度（指生产单位产品或单位产值的主要污染物排放量），包括烟尘、粉尘、二氧化硫、二氧化碳等大气污染物和化学需氧量、氨氮、重金属等水污染物。

（三）企业环境的关注程度。

（四）下一年度的环境保护目标。

（五）当年致力于社区环境改善的主要活动。

（六）获得的环境保护荣誉。

（七）减少污染物排放并提高资源利用效率的自觉行动和实际效果。

（八）对全球气候变暖、臭氧层消耗、生物多样性减少、酸雨和富营养化等方面的潜在环境影响。

四、环境信息公开的方式

（一）必须进行环境信息公开的企业除在国家环保总局的政府网站和省级环保部门的政府网站上公布外，可以通过报纸和其他形式的媒体公布，也可以通过印制小册子等形式进行公布。

（二）鼓励企业自愿在我局和各级环保部门的政府网站上进行信息公开。

（三）鼓励企业发布年度环境报告书并在企业网站或政府网站上公布。

五、对企业环境信息公开的其他要求

（一）企业出现下列情况之一，企业登记所在地省级环境保护行政主管部门应当随时在本局网站或上报我局在总局政府网站上公布有关环境信息：

（1）常规环境监测中连续 2 次（含）以上排放的主要污染物没有达到国家或地方规定的污染物排放标准；

（2）常规环境监测中连续 2 次（含）以上污染物排放总量超过了排污许可证的允许排放量；

（3）现场环境监察中连续 2 次（含）以上出现环境违法行为；

（4）发生重大污染事故；

（5）发生集体性环境信访案件。

（二）对不公布或者未按规定公布污染物排放情况的，应依据《清洁生产促进法》，按照相应的管理权限，由县级以上环保部门公布，可以并处相应的罚款。

六、在总局政府网站公布企业环境信息的具体程序另行通知，在地方环保部门政府网站公布企业环境信息的具体程序由各地自行制定。

2003 年 9 月 22 日

附录3

环境信息公开办法（试行）

国家环境保护总局令　第35号

第一章　总　　则

第一条　为了推进和规范环境保护行政主管部门（以下简称环保部门）以及企业公开环境信息，维护公民、法人和其他组织获取环境信息的权益，推动公众参与环境保护，依据《中华人民共和国政府信息公开条例》、《中华人民共和国清洁生产促进法》和《国务院关于落实科学发展观加强环境保护的决定》以及其他有关规定，制定本办法。

第二条　本办法所称环境信息，包括政府环境信息和企业环境信息。

政府环境信息，是指环保部门在履行环境保护职责中制作或者获取的，以一定形式记录、保存的信息。

企业环境信息，是指企业以一定形式记录、保存的，与企业经营活动产生的环境影响和企业环境行为有关的信息。

第三条　国家环境保护总局负责推进、指导、协调、监督全国的环境信息公开工作。

县级以上地方人民政府环保部门负责组织、协调、监督本行政区域内的环境信息公开工作。

第四条　环保部门应当遵循公正、公平、便民、客观的原则，及时、准确地公开政府环境信息。

企业应当按照自愿公开与强制性公开相结合的原则，及时、准确地公开企业环境信息。

第五条　公民、法人和其他组织可以向环保部门申请获取政府环境信息。

第六条　环保部门应当建立、健全环境信息公开制度。

国家环境保护总局由办公厅作为本部门政府环境信息公开工作的组织机构，各业务机构按职责分工做好本领域政府环境信息公开工作。

县级以上地方人民政府环保部门根据实际情况自行确定本部门政府环境信息公开工作的组织机构，负责组织实施本部门的政府环境信息公开工作。

环保部门负责政府环境信息公开工作的组织机构的具体职责是：

（一）组织制定本部门政府环境信息公开的规章制度、工作规则；

（二）组织协调本部门各业务机构的政府环境信息公开工作；

（三）组织维护和更新本部门公开的政府环境信息；

（四）监督考核本部门各业务机构政府环境信息公开工作；

（五）组织编制本部门政府环境信息公开指南、政府环境信息公开目录和政府环境信息公开工作年度报告；

（六）监督指导下级环保部门政府环境信息公开工作；

（七）监督本辖区企业环境信息公开工作；

（八）负责政府环境信息公开前的保密审查；

（九）本部门有关环境信息公开的其他职责。

第七条　公民、法人和其他组织使用公开的环境信息，不得损害国家利益、公共利益和他人的合法权益。

第八条　环保部门应当从人员、经费方面为本部门环境信息公开工作提供保障。

第九条　环保部门发布政府环境信息依照国家有关规定需要批准的，未经批准不得发布。

第十条　环保部门公开政府环境信息，不得危及国家安全、公共安全、经济安全和社会稳定。

第二章　政府环境信息公开

第一节　公开的范围

第十一条　环保部门应当在职责权限范围内向社会主动公开以下政府环境信息：

（一）环境保护法律、法规、规章、标准和其他规范性文件；

（二）环境保护规划；

（三）环境质量状况；

（四）环境统计和环境调查信息；

（五）突发环境事件的应急预案、预报、发生和处置等情况；

（六）主要污染物排放总量指标分配及落实情况，排污许可证发放情况，城市环境综合整治定量考核结果；

（七）大、中城市固体废物的种类、产生量、处置状况等信息；

（八）建设项目环境影响评价文件受理情况，受理的环境影响评价文件的审批结果和建设项目竣工环境保护验收结果，其他环境保护行政许可的项目、依据、条件、程序和结果；

（九）排污费征收的项目、依据、标准和程序，排污者应当缴纳的排污费数额、实际征收数额以及减免缓情况；

（十）环保行政事业性收费的项目、依据、标准和程序；

（十一）经调查核实的公众对环境问题或者对企业污染环境的信访、投诉案件及其处理结果；

（十二）环境行政处罚、行政复议、行政诉讼和实施行政强制措施的情况；

（十三）污染物排放超过国家或者地方排放标准，或者污染物排放总量超过地方人民政府核定的排放总量控制指标的污染严重的企业名单；

（十四）发生重大、特大环境污染事故或者事件的企业名单，拒不执行已生效的环境行政处罚决定的企业名单；

（十五）环境保护创建审批结果；

（十六）环保部门的机构设置、工作职责及其联系方式等情况；

（十七）法律、法规、规章规定应当公开的其他环境信息。

环保部门应当根据前款规定的范围编制本部门的政府环境信息公开目录。

第十二条　环保部门应当建立健全政府环境信息发布保密审查机制，明确审查的程序和责任。

环保部门在公开政府环境信息前，应当依照《中华人民共和国保守国家秘密法》以及其他法律、法规和国家有关规定进行审查。

环保部门不得公开涉及国家秘密、商业秘密、个人隐私的政府环境信息。但是，经权利人同意或者环保部门认为不公开可能对公共利益造成重大影响的涉及商业秘密、个人隐私的政府环境信息，可以予以公开。

环保部门对政府环境信息不能确定是否可以公开时，应当依照法律、法规和国家有关规定报有关主管部门或者同级保密工作部门确定。

第二节　公开的方式和程序

第十三条　环保部门应当将主动公开的政府环境信息，通过政府网站、公报、新闻发布会以及报刊、广播、电视等便于公众知晓的方式公开。

第十四条　属于主动公开范围的政府环境信息，环保部门应当自该环境信息形成或者变更之日起20个工作日内予以公开。法律、法规对政府环境信息公开的期限另有规定的，从其规定。

第十五条　环保部门应当编制、公布政府环境信息公开指南和政府环境信息公开目录，并及时更新。

政府环境信息公开指南，应当包括信息的分类、编排体系、获取方式，政府环境信息公开工作机构的名称、办公地址、办公时间、联系电话、传真号码、电子邮箱等内容。

政府环境信息公开目录，应当包括索引、信息名称、信息内容的概述、生成日期、公开时间等内容。

第十六条　公民、法人和其他组织依据本办法第五条规定申请环保部门提供政府环境信息的，应当采用信函、传真、电子邮件等书面形式；采取书面形式确有困难的，申请人可以口头提出，由环保部门政府环境信息公开工作机构代为填写政府环境信息公开申请。

政府环境信息公开申请应当包括下列内容：

（一）申请人的姓名或者名称、联系方式；

（二）申请公开的政府环境信息内容的具体描述；

（三）申请公开的政府环境信息的形式要求。

第十七条　对政府环境信息公开申请，环保部门应当根据下列情况分别作出答复：

（一）申请公开的信息属于公开范围的，应当告知申请人获取该政府环境信息的方式和途径；

（二）申请公开的信息属于不予公开范围的，应当告知申请人该政府环境信息不予公开并说明理由；

（三）依法不属于本部门公开或者该政府环境信息不存在的，应当告知申请人；对于能够确定该政府环境信息的公开机关的，应当告知申请人该行政机关的名称和联系方式；

（四）申请内容不明确的，应当告知申请人更改、补充申请。

第十八条　环保部门应当在收到申请之日起15个工作日内予以答复；不能在15个工作日内作出答复的，经政府环境信息公开工作机构负责人同意，可以适当延长答复期限，并书面告知申请人，延长答复的期限最长不得超过15个工作日。

第三章　企业环境信息公开

第十九条　国家鼓励企业自愿公开下列企业环境信息：

（一）企业环境保护方针、年度环境保护目标及成效；

（二）企业年度资源消耗总量；

（三）企业环保投资和环境技术开发情况；

（四）企业排放污染物种类、数量、浓度和去向；

（五）企业环保设施的建设和运行情况；

（六）企业在生产过程中产生的废物的处理、处置情况，废弃产品的回收、综合利用情况；

（七）与环保部门签订的改善环境行为的自愿协议；

（八）企业履行社会责任的情况；

（九）企业自愿公开的其他环境信息。

第二十条　列入本办法第十一条第一款第（十三）项名单的企业，应当向社会公开下列信息：

（一）企业名称、地址、法定代表人；

（二）主要污染物的名称、排放方式、排放浓度和总量、超标、超总量情况；

（三）企业环保设施的建设和运行情况；

（四）环境污染事故应急预案。

企业不得以保守商业秘密为借口，拒绝公开前款所列的环境信息。

第二十一条　依照本办法第二十条规定向社会公开环境信息的企业，应当在环保部门公布名单后30日内，在所在地主要媒体上公布其环境信息，并将向社会公开的环境信息报所在地环保部门备案。

环保部门有权对企业公布的环境信息进行核查。

第二十二条　依照本办法第十九条规定自愿公开环境信息的企业，可以将其环境信息通过媒体、互联网等方式，或者通过公布企业年度环境报告的形式向社会公开。

第二十三条　对自愿公开企业环境行为信息、且模范遵守环保法律法规的企业，环保部门可以给予下列奖励：

（一）在当地主要媒体公开表彰；

（二）依照国家有关规定优先安排环保专项资金项目；

（三）依照国家有关规定优先推荐清洁生产示范项目或者其他国家提供资金补助的示范项目；

（四）国家规定的其他奖励措施。

第四章　监督与责任

第二十四条　环保部门应当建立健全政府环境信息公开工作考核制度、社会评议制度和责任追究制度，定期对政府环境信息公开工作进行考核、评议。

第二十五条　环保部门应当在每年3月31日前公布本部门的政府环境信息公开工作年度报告。

政府环境信息公开工作年度报告应当包括下列内容：

（一）环保部门主动公开政府环境信息的情况；

（二）环保部门依申请公开政府环境信息和不予公开政府环境信息的情况；

（三）因政府环境信息公开申请行政复议、提起行政诉讼的情况；

（四）政府环境信息公开工作存在的主要问题及改进情况；

（五）其他需要报告的事项。

第二十六条　公民、法人和其他组织认为环保部门不依法履行政府环境信息公开义务的，可以向上级环保部门举报。收到举报的环保部门应当督促下级环保部门依法履行政府环境信息公开义务。

公民、法人和其他组织认为环保部门在政府环境信息公开工作中的具体行政行为侵犯其合法权益的，可以依法申请行政复议或者提起行政诉讼。

第二十七条　环保部门违反本办法规定，有下列情形之一的，上一级环保部门应当责令其改正；情节严重的，对负有直接责任的主管人员和其他直接责任人员依法给予行政处分：

（一）不依法履行政府环境信息公开义务的；

（二）不及时更新政府环境信息内容、政府环境信息公开指南和政府环境信息公开目录的；

（三）在公开政府环境信息过程中违反规定收取费用的；

（四）通过其他组织、个人以有偿服务方式提供政府环境信息的；

（五）公开不应当公开的政府环境信息的；

（六）违反本办法规定的其他行为。

第二十八条　违反本办法第二十条规定，污染物排放超过国家或者地方排放标准，或者污染物排放总量超过地方人民政府核定的排放总量控制指标的污染严重的企业，不公布或者未按规定要求公布污染物排放情况的，由县级以上地方人民政府环保部门依据《中华人民共和国清洁生产促进法》的规定，处10万元以下罚款，并代为公布。

第五章　附　　则

第二十九条　本办法自2008年5月1日起施行。

附 录 4

“国家环境友好企业”指标解释

（环发［2003］92号）

一、环境指标

1. 企业排放污染物全部稳定达到国家或地方规定的排放标准和污染物排放总量控制指标

（1）指标含义：“企业排放污染物”包括企业排放的废气、废水、噪声、固体废物、放射性废物。

（2）考核要求：企业排放污染物达到国家或地方规定的排放标准，并且污染物排放总量指标达标率为100%。

（3）数据或资料来源：企业内部管理台账和环保部门监督检查台账，以及所在省（自治区、直辖市）环保行政主管部门核实证明。

2. 企业单位产品综合能耗达到国内同行业领先水平

（1）指标含义：企业生产1吨某产品按标准煤折算的综合能源消耗（克标准煤）。

$$单位产品综合能耗 = \frac{能源消耗量(克标准煤)}{生产出1吨某产品(吨)}$$

（2）考核要求：单位产品综合能耗（克标准煤/吨）≤同行业领先水平。

（3）数据来源：企业统计或提供，出具行业协会证明。

3. 单位产品水耗达到国内同行业领先水平

（1）指标含义：企业生产1吨某产品的耗水量（吨）。

$$单位产品水耗 = \frac{耗水量(吨)}{生产出1吨某产品(吨)}$$

（2）考核要求：单位产品水耗（吨/吨）≤同行业领先水平。

（3）数据来源：企业统计或提供，出具行业协会证明。

4. 单位工业产值主要污染物排放量达到国内同行业领先水平

（1）指标含义：主要污染物指COD、氨氮、石油类、重金属，SO_2、烟尘、粉尘，以及行业特征污染物。

$$单位工业产值主要污染物排放量 = \frac{主要污染物排放量(吨)}{万元工业产值(万元)}$$

（2）考核要求：单位工业产值主要污染物排放量（吨/万元）≤同行业领先水平。

（3）数据来源：企业统计或提供，出具行业协会证明材料。

5. 企业废物综合利用率达到国内同行业领先水平

（1）指标含义：企业废物综合利用量系指企业通过回收、加工、循环、交换等方式，从生产过程产生的“三废”（废水（液）、废气、废渣）中提取或者使其转化为可以利用的资源、能源和其他原材料的“三废”量。

$$企业废物综合利用率 = \frac{报告期内企业综合利用的废物量}{报告期内企业废物产生量} \times 100\%$$

（2）考核要求：企业废物综合利用率≤同行业领先水平。

（3）数据来源：企业统计或提供，所在地环保行政主管部门审核，并出具行业协会证明材料。

6. 企业建立完善的环境管理体系

（1）指标含义：企业已获得ISO 14001环境管理体系认证，或参照ISO 14001环境管理体系标准建立了完善的环境管理体系。

（2）考核要求：出具有效的ISO 14001环境管理体系认证证书，或提供已建立完善的环境管理体系的所有相关材料。

（3）数据或资料来源：企业统计或提供，所在省级环保行政主管部门核实，以及考核组现场考核验收结果。

二、管理指标

1. 企业自觉实施清洁生产，采用先进的清洁生产工艺

（1）指标含义：企业现有生产能力、工艺和产品不属于国家明令限期淘汰目录范围之内，请符合资质要求的清洁生产审核机构和人员进行过清洁生产审核，并实施了清洁生产审核提出的所有无费、低费和中费方案，部分高费方案，取得了良好环境和经济效益。

（2）考核要求：企业提供清洁生产审核报告和清洁生产方案实施情况总结报告。

（3）数据或资料来源：企业统计或提供，所在省级环保行政主管部门核实，以及考核组现场考核验收结果。

2. 企业新、改、扩建项目“环境影响评价”和“三同时”制度执行率

（1）指标含义：企业新、改、扩建项目符合国家关于建设项目环境保护的规定，近三年内未违反国家建设项目环境影响评价和“三同时”等制度，并经审批项目的环保部门验收合格。

（2）考核要求：企业新、改、扩建项目“环境影响评价”和“三同时”制度执行率达到100%，并经环保部门验收合格。

（3）数据或资料来源：企业统计或提供，所在省级环保行政主管部门核实，以及考核组现场考核验收结果。

3. 企业环保设施运转率达到95%以上

（1）指标含义：环保设施包括水、气、声、固体废物、电磁辐射、放射性等污染防治设施。运转率是指企业环保设施正常运转天数与环保设施应正常运转天数的百分比。

$$环保设施运转率 = \frac{环保设施正常运转天数}{365 - 环保设施正常停转天数} \times 100\%$$

（2）考核要求：环保设施运转率达到95%以上，且运行参数符合设施运行指标要求。

（3）数据或资料来源：企业内部管理台账、环保设施运行记录及环保部门检查台账。

4. 企业固体废物和危险废物处置率

（1）指标含义：企业固体废物和危险废物处置量系指报告期内企业将不能综合利用的固体废物焚烧或者最终置于符合环境保护规定的场所并不再回取的工业固体废物量（包括当年处置往年的工业固体废物累计贮存量），以及危险废物安全填埋量。

$$企业固体废物危险废物处置率 = \frac{报告期内固体和危险废物处置量}{报告期内固体和危险废物产生量} \times 100\%$$

（2）考核要求：企业产生的固体废物和列入国家危险废物名录的危险废物全部在厂内或交由获得环保部门许可的单位进行利用或安全处置。企业固体废物和危险废物处置率达到100%。

（3）数据或资料来源：企业统计或提供，所在省级环保行政主管部门核实。

5. 厂区清洁优美

（1）指标含义：企业厂区生产环境清洁优美。

（2）考核要求：现场考核感观优美，并检查参考指标，主厂区内绿化覆盖率达35%以上。

（3）数据或资料来源：企业统计或提供，所在省级环保行政主管部门核实，以及考核组现场考核验收结果。

6. 企业排污口符合规范化整治要求，主要排污口按规定安装主要污染物在线监控装置并保证正常运行

（1）指标含义：企业排污口按环保要求进行了规范化整治并符合要求，排污负荷大的主要排污口分别安装废水和废气污染物在线监控装置，目前主要监控指标为废水排放量、COD、氨氮、pH 值和废气排放量、SO_2、烟尘、粉尘等。

（2）考核要求：设立排污口规范化标志牌，安装并正常运行主要污染物在线监控设备。

（3）数据或资料来源：企业统计或提供，所在省级环保行政主管部门核实，以及考核组现场考核验收结果。

7. 企业依法进行排污申报登记，领取排污许可证

（1）指标含义：企业按照环保法规要求进行排污申报登记，在实施排污许可证的区域执行排污许可证制度，领取并遵守排污许可证。

（2）考核要求：出示排污申报登记有关材料和排污许可证正本，以及按许可证排污的有关台账。

（3）数据或资料来源：企业统计或提供，所在省级环保行政主管部门核实，以及考核组现场考核验收结果。

8. 企业按规定缴纳排污费

（1）指标含义：按照国家法律规定，企业按时足额向环保部门缴纳排污费。

（2）考核要求：出示按时足额缴纳排污费的有关资料。

（3）数据或资料来源：企业统计或提供，所在省级环保行政主管部门核实，以及考核组现场考核验收结果。

9. 企业三年内无重复环境信访案件，无环境污染事故

（1）指标含义：企业在近三年内没有环境污染事故，及时认真处理环境信访案件，限期处理问题属实的案件，并将结果及时通报上访人。上访人满意，未发生重复信访。

（2）考核要求：出示处理结果和上访人满意的有关证明材料。

（3）数据或资料来源：企业统计或提供，所在省级环保行政主管部门核实，以及考核组现场考核验收结果。

10. 环境管理纳入企业标准化管理工作，有健全的环境管理机构和制度；企业环境保护档案完整；各种基础数据资料齐全，有企业定期自行监测或委托监测的监测数据

（1）指标含义：企业内部环境管理规范，有环境管理机构和人员，环境管理制度健全完善。企业有近三年的完整环境保护档案和各种环境基础数据资料。按照环境监测规范，对排放污染物进行日常监测，有监测数据。

（2）考核要求：出示有关的资料或证明材料。

（3）数据或资料来源：企业统计或提供，所在省级环保行政主管部门核实，以及考核组现场考核验收结果。

11. 企业周围居民和企业员工对企业环保工作满意率

（1）指标含义：企业周围居民和企业员工对企业的生产和生活环境是否满意；

（2）考核要求：达90%以上；

（3）数据或资料来源：考核组现场问卷调查，调查人数不少于200人。

12. 企业自愿继续削减污染物排放量

（1）指标含义：企业要承诺持续遵守国家环境保护法律法规，在污染物排放全面达标的基础上，与所在省级环保行政主管部门签定协议，自愿不断采取措施，减少污染物排放量。协议主要内容应当向社会公开，自觉接受公众监督自愿削减污染物排放的数量、措施和阶段目标。

（2）考核要求：出示与省级环保行政主管部门签定的自愿协议，且企业在近三年内无违反国家和地方环境保护法律法规事件。

（3）数据或资料来源：企业统计或提供，所在省级环保行政

政主管部门核实，以及考核组现场考核验收结果。

三、产品指标

1. 指标及考核要求

（1）产品及其生产过程中不得含有或使用国家法律、法规、标准中禁用的物质；

（2）产品及其生产过程中不得含有或使用我国签署的国际公约中禁用的物质；

（3）产品安全、卫生和质量要求应符合国家、行业或企业相关标准的要求。

（4）在环境标志认证范围之内的产品，按照环境标志产品认证标准要求进行考核，已经获得环境标志的产品不再考核。

2. 数据或资料来源

企业统计或提供，所在省级环保行政主管部门核实，以及考核组专家考核验收前认定的结果。

附 录 5

关于对申请上市的企业和申请再融资的上市企业进行环境保护核查的规定

环发［2003］101 号

为督促重污染行业上市企业严格执行国家环境保护法律、法规和政策，避免上市企业因环境污染问题带来投资风险，调控社会募集资金投资方向，指导各级环保部门核查申请上市企业和上市企业再融资工作，特制定本规定。

一、核查对象

（一）重污染行业申请上市的企业

（二）申请再融资的上市企业，再融资募集资金投资于重污染行业

重污染行业暂定为：冶金、化工、石化、煤炭、火电、建材、造纸、酿造、制药、发酵、纺织、制革和采矿业。

二、核查内容和要求

（一）申请上市的企业

（1）排放的主要污染物达到国家或地方规定的排放标准；

（2）依法领取排污许可证，并达到排污许可证的要求；

（3）企业单位主要产品主要污染物排放量达到国内同行业先进水平；

（4）工业固体废物和危险废物安全处置率均达到 100%；

（5）新、改、扩建项目“环境影响评价”和“三同时”制度执行率达到 100%，并经环保部门验收合格；

（6）环保设施稳定运转率达到95%以上；

（7）按规定缴纳排污费；

（8）产品及其生产过程中不含有或使用国家法律、法规、标准中禁用的物质以及我国签署的国际公约中禁用的物质。

（二）申请再融资的上市企业

除符合上述对申请上市企业的要求外，还应核查以下内容：

（1）募集资金投向不造成现实的和潜在的环境影响；

（2）募集资金投向有利于改善环境质量；

（3）募集资金投向不属于国家明令淘汰落后生产能力、工艺和产品，有利于促进产业结构调整。

三、核查程序

申请上市的企业和申请再融资的上市企业应向登记所在地省级环保行政主管部门提出核查申请，并申报以下基本材料：（1）企业（含本企业紧密型成员单位）基本情况；（2）报中国证券监督管理委员会待批准的上市方案或再融资方案；（3）证明符合本规定第三条的相关文件；（4）企业登记所在地省级环保行政主管部门要求的其他有关材料。

省级环境保护行政主管部门自受理企业核查申请之日起，于30个工作日内组织有关专家或委托有关机构对申请上市的企业和申请再融资的上市企业所提供的材料进行审查和现场核查，将核查结果在有关新闻媒体上公示10天，结合公示情况提出核查意见及建议，以局函的形式报送中国证券监督管理委员会，并抄报国家环保总局。

火力发电企业申请上市和申请再融资应由省级环保部门提出初步核查意见上报国家环保总局。国家环保总局组织核定后，将核定结果在总局政府网站上公示10天，结合公示情况提出核查意见及建议，以局函的形式报送中国证券监督管理委员会。

对于跨省从事重污染行业生产经营活动的申请上市企业和申请再融资的上市企业，其登记所在地省级环境保护行政主管部门应与有关省级环境保护行政主管部门进行协调，将核查意见及建议报国家环保总局，由国家环保总局报送中国证券监督管理委员会。

后　　记

环境是人类生存和发展的物质基础。然而就在生产力突飞猛进发展的过程中，生态资源破坏和环境污染等相关问题也暴露出来，并且随着人类社会的膨胀日益凸显，环境问题成为世界各国普遍关心的共同问题。传统的企业成本控制往往将环境成本排除在外，难以真正控制好企业的总成本。将成本控制的视野扩展到企业赖以生存和发展的环境领域，在成本控制中积极发挥管理会计的职能，就成为本书研究的主要内容。

本书是在我的博士学位论文《生产者责任延伸制度下企业环境成本控制研究》的基础上进一步修改、完善而成的。自攻读博士学位之日起，到博士学位论文定稿、答辩乃至本书的完成及出版，我的内心始终充满了感恩。这是许多老师、学长、同事、朋友和家人帮助和指点的结果。在此，我要向所有曾经给予我指导和帮助的人表示诚挚的敬意和由衷的感谢。

衷心感谢我的博士生导师杨淑娥教授。几年来，从为学到做人，我都获益匪浅。杨老师学识渊博，治学严谨，有非常高的学术造诣，并且老师对科研的执著与激情，使我在感觉压力的同时也备受鼓舞，时刻鞭策我不断地努力进取。博士学位论文从选题、资料收集、研究和写作都得到了杨老师的细心指导，在此，谨向杨老师致以衷心的感谢。我在西安交通大学管理学院攻读博士期间，那里严谨、浓厚的学术氛围始终影响着我，并将在以后的工作中激励我前进。

感谢西安交通大学的张俊瑞教授、郭菊娥教授、万迪昉教授和李婉丽教授，感谢西北大学的冯均科教授和师萍教授，感谢上海交通大学的张天西教授以及西安理工大学的李秉祥教授，他们均对本书提出了很多宝贵的意见和建议，这对本书的完成起到了非常重要的作用，在此表示诚挚的谢意。

本书是在阅读和参考大量文献的基础上完成的，同行朋友的科研成果给予我极大的启示和帮助，由于参考文献很多，难以列出各位作者的名字，在此，真诚地对论文中引用观点的原创者表示歉意。

感谢我的同学、同事和朋友。本书中的实证材料收集得到了我的同学和朋友热情的帮助，向他们表示最真挚的感谢。在我攻读博士学位期间，河北经贸大学会计学院的领导和同事给予我工作上的最大帮助，使我能全身心的投入博士阶段的学习之中。在此向我的领导和同事表示深深的感谢。

本书得到了河北经贸大学及其会计学院博士出版基金的资助，在此表示衷心的感谢。

最后，感谢我的家人，家人的无私奉献使我集中精力完成学业。在我攻读博士学位期间，我的父母和公婆总是在默默地关注我，不断地支持和鼓励我，使我决不轻言放弃；感谢我的先生刘超，正是他的全力支持使我坚定了学习与探索的勇气；还有我的宝贝女儿刘畅，她的活泼与可爱，给了我无穷的欢乐，祝愿她健康快乐的成长。

路漫漫其修远兮，吾将上下而求索！

刘丽敏

2009 年 12 月

冶金工业出版社部分图书推荐

书　　名	作　者	定价(元)
物理科学与认识论	李浙生　著	26.00
走入异国他乡	王治江　主编	30.00
城市循环经济系统构建及评价方法	史宝娟　著	22.00
大学英语写作与修辞	郭　霞　等编著	36.00
货币银行学	刘　颖　等编	24.00
情理论说文集	肖纪美　著	22.00
中西文化比较	贺　毅　主编	23.00
社会力与社会发展	秦秀基　著	32.00
中国农村商品流通体制研究	纪良纲　等著	29.00
中国工业发展解难	黄建宏　著	19.00
矿业经济学	李祥仪　等编著	15.00
解读质量管理	那宝魁　编著	35.00
现代海洋经济理论	叶向东　著	28.00
经济全球化下的国际货币协调	李海燕　著	25.00
国有商业银行国有资本退出问题研究	汪昕宁　著	23.00
企业技术创新财务管理	田丽娜　著	20.00
股权分置改革后的上市公司治理	封文丽　著	26.00
从亚洲金融危机到国际金融危机	封文丽　著	18.00